DR. WOLFGANG HENSEL

Welche Heilpflanze — ist das?

KOSMOS

Wolfgang Hensel

Welche Heilpflanze ist das?

Blütenfarbe Rot

Blütenfarbe Weiß

Blütenfarbe Blau

Blütenfarbe Gelb

Blütenfarbe Grün

Wie bestimme ich mit dem — Kosmos-Farbcode?

BLÜTENFARBE ROT

Hier finden Sie Heilpflanzen mit Blüten in rötlichen Farbtönen. Die Farbskala umfasst auch hellrosa und fast weiße Blüten, sowie ins Violette oder Blaue spielende Blütenfarben. Einige Heilpflanzen mit rötlichen Blüten werden allerdings auch der Blütenfarbe Weiß (z. B. Wiesen-Schaumkraut) oder Blau (z. B. Griechischer Salbei) zugeordnet, wenn die Mehrzahl der gefundenen Exemplare eher diesen Farbgruppen zuneigt. In einigen, wenigen Fällen kann sich die Blütenfarbe sogar während der Blütenalterung verändern (z. B. Lungenkraut), diese Pflanzen bleiben jedoch der Hauptblütenfarbe Rot zugeordnet.

▶ SEITE 18–65

BLÜTENFARBE WEISS

Hier finden Sie Heilpflanzen mit Blüten in weißen Farbtönen. Reinweiße Blüten sind seltener als rosa, violett oder blau überlaufene weißliche Blüten. Daher finden Sie einige Heilpflanzen mit scheinbar weißen Blüten bei Rot (z. B. Eibisch) oder Blau (z. B. Stiefmütterchen), wenn die Mehrzahl der gefundenen Exemplare eher getönt beziehungsweise mehrfarbig als reinweiß erscheint. Blütenköpfchen mit gelbem Zentrum sind hier zu finden, wenn die Zungenblüten wie beim Gänseblümchen weiß sind.

▶ SEITE 66–133

BLÜTENFARBE BLAU

Hier finden Sie Heilpflanzen mit Blüten in blauen Farbtönen. Die Farbskala umfasst auch hellblaue bis fast weiße Blüten. Besonders schwierig sind die Mischfarben zwischen Blau und Rot (violette Tonskala) zu unterscheiden. Prüfen Sie daher Ihnen blau erscheinende Blüten zur Sicherheit auch unter Rot. In einigen, wenigen Fällen kann sich die Blütenfarbe während der Blütenalterung sogar von Rot nach Blau verändern (z. B. Lungenkraut). Diese Pflanzen werden jedoch der Hauptblütenfarbe Rot zugeordnet.

▶ **SEITE 134–155**

BLÜTENFARBE GELB

Hier finden Sie Heilpflanzen mit Blüten in gelblichen Farbtönen. Die Farbskala umfasst auch hellgelbe, fast weiße Blüten sowie ins Orange oder Grüne spielende Blüten. Eine Verwechslung der Blütenfarbe ist allerdings seltener als bei Rot, Weiß oder Blau. Prüfen Sie bei sehr kleinen, gelblich grünen Blüten die Zuordnung zur Blütenfarbe Grün unter „Blüten sind unscheinbar".

▶ **SEITE 156–205**

BLÜTENFARBE GRÜN/BRAUN

Hier finden Sie Heilpflanzen mit Blüten in grünlichen Farbtönen. Die Farbskala umfasst auch grünlich weiße Blüten, sowie ins Gelbe spielende Blüten (z. B. Efeu). Einige grünlich gelbe Blüten finden Sie auch unter dem Farbcode Gelb (z. B. Echter Kreuzdorn). In das Kapitel Blütenfarbe Grün wurden auch Nadelgehölze, Laubgehölze und Kräuter mit sehr kleinen, unscheinbaren Blüten aufgenommen, ebenso Farne und andere Pflanzen, die keine Blüten ausbilden.

▶ **SEITE 206–245**

Die Farbe der Heilpflanzen

Was wir als Farbe sehen, basiert auf Lichtstrahlen unterschiedlicher Wellenlänge, die von unseren Sehzellen wahrgenommen werden. Die Farbe einer Blüte wird aber erst in unserem Gehirn real. Daher „sehen" Bienen, Schmetterlinge oder Hummeln andere Blütenfarben als wir, weil ihre Augen andere Wellenlängen wahrnehmen. Im Zuge der Evolution haben sich die Blüten an diese Bestäuber angepasst – nicht etwa an unsere Vorstellung von Schönheit. So bleibt uns beispielsweise das Ultraviolett völlig verborgen, während ultraviolette Flecken und Streifen auf einer weißen Blüte für eine Biene wie Leitstrahlen zum Nektar wirken. Allerdings kann eine Biene kein Rot sehen.

Warum Rot auch Blau sein kann

Licht unterschiedlicher Wellenlängen – also die Farbe einer Blüte – entsteht, weil Farbstoffe in den Blüten Teile des weißen Sonnenlichts verschlucken und andere reflektieren. Eine der wichtigsten Farbstoff-Gruppen sind die Anthozyane. Es sind im Zellsaft gelöste, ringförmige, an Zucker gebundene Moleküle. Je nach dem Säuregrad des Zellsaftes reflektieren sie die blauen oder roten Anteile des Sonnenlichtes. Dieses Phänomen erklärt auch den Farbwechsel mancher Blüten: Die Pflanze verändert mit dem Säuregrad der Zellen die Farbe ihrer Blüte.

Hellgelbe und weißliche Töne basieren auf den Flavonolen und ihren Verwandten, sattes Gelb auf den Carotinoiden, Anthoxanthinen und Betalinen. In Verbindung mit matten, seidigen oder schillernden Oberflächen entsteht das Farbenspiel, das wir so schätzen.

Klatschmohn lockt mit **leuchtend rotem** Anthozyan.

Der Weißdorn reflektiert alle Wellenlängen und erscheint **weiß**.

Die **blaue Blütenfarbe** des Leins basiert auf den Anthozyanen.

Der **gelbe Farbstoff** des Besenginsters ist ein Carotinoid.

Das Grün der Einbeere basiert auf einem hohen Chlorophyllanteil.

Die Anthozyane des Lungenkrauts erscheinen **erst rot, dann blau.**

Form und Aufbau der Blüte

Blüten bestehen aus mehreren Gruppen von Elementen: Eine äußere Hülle aus Kelch und Krone. Die Staubgefäße sind männlich; sie bilden den Pollen. Der Fruchtknoten mit Griffel und Narbe ist weiblich. Von dieser Grundform kommen Abwandlungen vor: Die Hülle kann stark reduziert sein oder ihre Elemente sehen gleichartig aus. Aufbau und Form der Blüte sind unveränderliche Familienmerkmale. Daher spielen sie eine wesentliche Rolle bei der Bestimmung einer Pflanzenart. Die Teile einer Blüte sind symmetrisch angeordnet; das Aussehen der Blüte wird durch die Zahl der Elemente und die Lage der Symmetrieebene(n) bestimmt.

Blüten mit höchstens 4 Blütenblättern

Vierzählige Blüten wie der Weiße Senf haben zwei Symmetrieebenen.

Blüten mit 5 Blütenblättern

Die Malve mit **5 Blütenblättern** ist radialsymmetrisch.

Auch die Akelei mit **5 verwachsenen Blütenblättern** ist radialsymmetrisch.

Blüte mit mehr als 5 Blütenblättern oder Blüten in Körbchen

Einige Blüten, hier das Leberblümchen, haben **mehr als 5 Strahlen.**

Die Wegwarte hat ein **Blütenkörbchen aus Zungenblüten.**

Bei der Mariendistel besteht das **Körbchen nur aus Röhrenblüten.**

Das Körbchen des Gänseblümchens hat **Zungen- und Röhrenblüten.**

Beim Wiesenknopf stehen die **Einzelblüten in einem Köpfchen.**

Blüten zweiseitig-symmetrisch

Die Blüte des Eisenhutes hat nur **eine Symmetrieebene**.

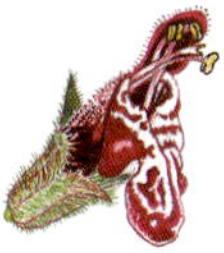

Alle Lippenblütengewächse, hier der Ziest, **haben Lippenblüten.**

Die **Schmetterlingsblüte** des Ginsters ist typisch für die Pflanzenfamilie.

Anordnung der Blüten 002

Schon beim ersten Blick auf eine blühende Wiese fällt auf, dass sich nur sehr wenige Pflanzen mit einer einzelnen Blüte begnügen. Spätestens beim zweiten Blick erkennt man dann, dass die Vielzahl der Blüten keineswegs zufällig aus dem Pflanzenkörper auswächst. Tatsächlich ist die Anordnung der Blüten ein Artmerkmal. Für eine sichere Bestimmung muss man sich daher die Verteilung der Blüten relativ zur Sprossachse, beziehungsweise ihren Blütennachbarn genauer ansehen.

Einzelne Blüten – nicht immer allein

Nur wenige Pflanzen enden, wie die Einbeere, mit einer einzigen Blüte an der Spitze ihres Sprosses. Häufiger kommen mehrere Einzelblüten jeweils am Ende eines Triebes vor, wie etwa beim Klatsch- oder Schlaf-Mohn. Eine Ausnahme stellen die Blüten der Körbchenblütengewächse dar: Die „einzelne" Blüte des Löwenzahns besteht aus zahlreichen, zu einem Köpfchen vereinigten Einzelblüten.

Gemeinsam sind sie wirkungsvoller

Sind die einzelnen Blüten einer Pflanze enger zusammengerückt und bilden in ihrer Gesamtheit eine charakteristische Form, spricht man von Blütenstand. Solche Blütenstände sind häufig bereits aus einer gewissen Entfernung zu erkennen, haben also einen starken Wiedererkennungswert für eine Pflanze oder eine Pflanzenfamilie. Obwohl die Botaniker eine ganze Reihe solcher Blütenstände unterscheiden, werden in diesem Buch nur die wichtigsten, charakteristischen Formen aufgeführt und benannt. In den übrigen Fällen wird die Form der Blütenstände – verzweigt, dicht, locker, hoch usw. – beschreibend benannt. Auf der Vorseite wurden bereits die Blütenkörbchen gezeigt, ein Blütenstand, der für die Familie der Körbchenblütengewächse charakteristisch ist.

Das Gottesgnadenkraut trägt **Einzelblüten, die auf langen Stielen** in den Blattachseln stehen.

Bei der **Dolde** der Wilden Möhre breiten sich Strahlen von einem Punkt aus; sie können wieder in einer Dolde enden.

Trauben sind schmale, lange Blütenstände mit kurz gestielten Blüten im Wechsel, hier die Lakritze.

In dem **Quirl** der Taubnessel drängen sich die Blüten ringförmig um den Stängel.

Die **Kätzchen** der Birke sind hängende, dicht zusammengedrängte Blütenstände.

Bei den **Ähren** des Wegerichs sitzen Einzelblüten ungestielt an einer langen Achse.

In den **Ähren** der Gräser, hier die Gerste, sind die Blüten sehr stark reduziert.

Die **Schuppen** des Zedernzapfens tragen je eine freie Samenanlage, die ohne Fruchthülle zum Samen reift.

Einige Heilkräuter sind keine Blütenpflanzen. Der Schachtelhalm **bildet Sporen** in solchen Kolben.

Schema einer Blütenpflanze

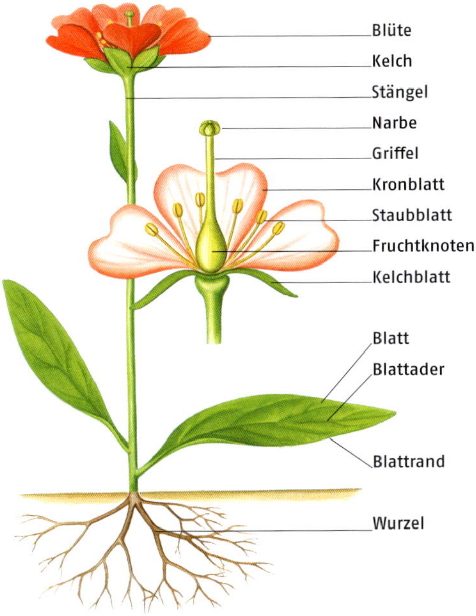

Die Blätter der Heilpflanzen 003

In den Blättern sitzen die Fotosynthesefabriken der Pflanzen. Das Blattgrün (Chlorophyll) in den Chloroplasten nutzt das Sonnenlicht als Energiequelle, um aus Kohlendioxid und Wasser Zucker herzustellen. Die Form der Blätter ist dabei nur indirekt von Bedeutung; es kommt für die Pflanze darauf an, eine möglichst große Fläche zur Sonne auszurichten. Da Aufbau und Gestalt eines Blattes arttypische Merkmale sind, hier eine kurze Einführung in die Systematik des Blattaufbaus.

Grundformen

Neben den Formen der Blätter kommt es auch auf die Art des Randes an. Botaniker unterscheiden sehr präzise, ob der Blattrand ganzrandig, fein, doppelt oder schrotsägeförmig gesägt, ob er gekerbt oder gebuchtet ist usw. In den Texten zur Art werden die Blattränder nur beschrieben, wenn es für die Bestimmung unerlässlich ist.

Das **einfache Blatt** besteht aus einem Blattstiel, der sich als Hauptader fortsetzt und einer geschlossenen Blattspreite (z. B Pfennigkraut). Es gibt Übergangsformen zum nächsten Typus, wenn der Blattrand sehr tief eingeschnitten ist.

Bei den **gefiederten Blättern** ist die Blattspreite so stark eingeschnitten, dass die Hauptader teilweise frei liegt. Endet das Blatt mit einem einzelnen Fiederblättchen, ist es unpaarig gefiedert (z. B. Gänsefingerkraut); fehlt die Endfieder, ist es paarig gefiedert.

Die **einzelnen Fiederblättchen** können ihrerseits eingeschnitten sein, so dass zwei- bis mehrfach gefiederte Blätter entstehen (z. B. Bischofskraut).

Eine Sonderform stellen die **handförmig gefiederten** Blätter dar. Hier enden alle Fiedern in einem Punkt (z. B. Rosskastanie).

Formen der Blätter

Auch bei den Formen der Einzelblätter beziehungsweise der Fiederblättchen gibt es große Unterschiede.

Runde, rundliche oder **rundlich-ovale** Blattform (z. B. Erle).

Eiförmige Blätter (z. B. Buche).

Lanzettliche Blätter sind an der Basis breiter und werden zum Ende schmaler (z. B. Oleander).

Schmale Blätter sind deutlich länger als breit (z. B. Estragon).

Herzförmige Blätter sind leicht zu erkennen (z. B. Knoblauchsrauke).

Durch **echte Nadeln** zeichnen sich die Kiefer und andere Nadelbäume aus.

Schuppenförmige Blätter liegen eng dem Stängel an; sie sind selten (z. B. Huflattich).

Anordnung der Blätter

Schließlich unterscheiden sich die Arten noch in der Anordnung der Blätter relativ zum Spross.

Grundblätter heißen die Blätter direkt oberhalb des Bodens; sie bilden oft eine charakteristische **Rosette** (oben Gänseblümchen, unten Hauswurz).

Wechselständige Blätter stehen in Einzahl an einem Knoten (z. B Schlafmohn). Diese Anordnung ist auch ein Hilfsmittel, um Gehölze zu bestimmen.

Bei den Pflanzen mit **gegenständigen** Blättern, trägt jeder Knoten zwei Blätter (z. B. Tausendgüldenkraut).

Quirlständige Blätter sind relativ selten; es sitzen mehrere Blätter an einer stark gestauchten Sprossachse (z. B. Labkraut).

Inhaltsstoffe von Heilpflanzen

Eibisch

Schleimstoffe: Die Schleime der Heilpflanzen sind chemisch unterschiedlich aufgebaut, enthalten aber immer Zuckermoleküle, die eine Verbindung mit Pflanzensäuren oder anderen Substanzen eingehen. Sie alle sind in der Lage, größere Mengen Wasser aufzunehmen – sie quellen. Heilpflanzen mit Schleimen werden bei Verstopfung, aber auch zur Linderung entzündeter Schleimhäute in Mund und Rachen verwendet.

Gänsefingerkraut

Gerbstoffe: Der Name dieser relativ kompliziert aufgebauten Stoffgruppe beruht darauf, dass sie mit tierischen Eiweißen unlösliche Verbindungen eingehen: Das Gerben wandelt Tierhäute in Leder um. Die Gerbstoffe reagieren mit der Oberfläche von Haut und Schleimhäuten und versiegeln sie. Sie wirken „zusammenziehend" und werden daher vor allem bei inneren und äußeren Wunden angewandt.

Hopfen

Bitterstoffe: Die Bitterstoffe sind chemisch nicht einheitlich, schmecken allerdings alle mehr oder minder bitter. Auf den bitteren Reiz reagieren die Verdauungsdrüsen in Mund, Magen und Galle mit verstärkter Sekretion von Verdauungssäften. Bitterstoffe fördern also die Verdauung, regen den Appetit an und können Bakterien unterdrücken, die Gärungsprozesse im Magen- und Darmtrakt in Gang setzen.

Seifenblume

Saponine: Die Saponine oder Seifenstoffe setzen sich aus Zuckern und aromatischen Molekülen zusammen, die im Wasser aufschäumen. Daher diente die Wurzel des Seifenkrautes lange Zeit als Waschmittel. In hoher Konzentration oder direkt in der Blutbahn sind Saponine giftig, denn sie greifen die dünne Membran an, die jede Zelle umgibt. Saponinhaltige Pflanzen werden eingenommen, um das Aushusten von Schleimen zu fördern oder um die Durchspülung der Nieren zu fördern.

Goldrute

Flavonoide: Chemisch betrachtet handelt es sich bei dieser Stoffgruppe um aromatische Ringverbindungen, die an Zucker- und andere Moleküle gebunden sind. Gelb, wie der Name besagt (lateinisch flavus = gelb), sind nur ganz bestimmte Flavonoide. Je nach Zusammensetzung haben Flavonoide unterschiedliche medizinische Wirkungen, die von harntreibend (Goldrute) bis venenstabilisierend (Rosskastanie) reichen.

Tollkirsche

Alkaloide: Bei dieser Stoffgruppe handelt es sich um stickstoffhaltige Ringmoleküle, die in verschiedenen Zusammensetzungen auftreten. Insgesamt sind über 7000 Alkaloide bekannt. Sie zählen zu den besonders giftigen Pflanzenstoffen – Nikotin, Morphin, Strychnin, das Atropin der Tollkirsche oder das Aconitin des Eisenhutes gehören in diese Gruppe. Als medizinischen Wirkstoff werden sie ausschließlich vom Arzt verordnet.

Huflattich

Pyrrolizidinalkaloide: Diese spezielle Form von Alkaloiden findet man in mehreren Pflanzenarten. Sie waren Bestandteil von Arzneimitteln, bis sich im Experiment herausstellte, dass sie die Leber schädigen und Krebs erregen können. In einigen Fällen, so beim Huflattich, wurden inzwischen alkaloidfreie Sorten gezüchtet. Auf Tees mit Huflattich, Pestwurz, Beinwell, Ochsenzunge und anderen Heilkräutern sollten Vorsichtige besser verzichten.

Fingerhut

Herzwirksame Glykoside: Im medizinischen Sprachgebrauch heißt diese Stoffgruppe auch Digitalis-Glykoside, weil die Substanz erstmals im Fingerhut entdeckt wurde. Sie weichen in der Struktur etwas voneinander ab, basieren aber alle auf einem Grundgerüst von Steroiden; „glyko" besagt, dass daran stets Zucker gebunden sind. Herzwirksame Glykoside stimulieren den Herzmuskel und werden daher vom Arzt bei geschwächtem Altersherz verordnet.

Die Anwendung von Heilpflanzen

Dieses Buch kann natürlich den Besuch eines Arztes, Heilpraktikers oder die intensive Beratung eines Apothekers nicht ersetzen, aber es möchte Sie dazu anregen, Heilpflanzen in der Natur, in Gärten oder Schaugärten zu erkennen.

Wie komme ich an Pflanzen?

Vor einigen Jahren und Jahrzehnten war es kein Problem, Heilpflanzen in der Natur zu sammeln. Das hat sich leider geändert. Die wenigsten Menschen leben in einer sauberen, intakten Natur, der die entsprechenden Kräuter bedenkenlos entnommen werden können. Auto- oder Industrieabgase und andere Schadstoffe lagern sich auf den Pflanzen ab und machen den Gebrauch von Wildkräutern nicht unproblematisch. Hinzu kommt, dass manche Heilkräuter geschützt sind und nicht gepflückt werden dürfen oder nur noch in Naturschutzgebieten wachsen.

Die gesammelten Kräuter müssen getrocknet werden, bis sie keinerlei Wasser mehr enthalten (Verpilzungsgefahr) und werden in dunklen Glas-, Keramik- oder Metalldosen aufbewahrt.

Alle Probleme, die sich bei der Sammlung und Aufbewahrung ergeben, lassen sich vermeiden, wenn Sie Ihre Heilkräuter aus der Apotheke beziehen. Die Pflanzen stammen aus kontrolliertem Anbau oder Sammlungen und unterliegen einer Qualitätskontrolle. Der Apotheker kann Sie auch über die genaue Dosierung, Zubereitung, vor allem aber über Nebenwirkungen und die so genannten Kontraindikationen informieren – das heißt, bei welchen Leiden Sie besser auf die gewünschte Pflanze verzichten sollten.

Tee ist nicht nur schwarz

Die meisten Heilkräuter genießt man als Tee. Blätter und Blüten sowie einige zerstoßene Früchte werden als Aufguss zubereitet. Die gekochten Pflanzenteile werden in ein Gefäß gegeben – bestimmen Sie

Kamille

mit einem Messbecher das Fassungsvermögen Ihrer Teetasse; die Rezepte gelten, so weit nicht anders erwähnt, für ca. 150 ml – und mit kochendem Wasser übergossen. Decken Sie den Tee mit einer Untertasse ab und gießen Sie ihn danach durch ein Sieb. Bei der Abkochung, beispielsweise von zerstoßenen Heidelbeeren, werden die Früchte im Wasser zum Kochen gebracht, kurz gesiedet und dann stehen gelassen. Durch ein Sieb abgießen. Schleimhaltige Pflanzen, wie die Eibischwurzel, werden mehrere Stunden lang in kaltem Wasser stehen gelassen (Kaltauszug) und vor dem Trinken erhitzt.

Tief einatmen

Einige Pflanzenöle oder Kräuter mit ätherischen Ölen wirken am besten, wenn Sie durch die Nase aufgenommen werden. Tröpfeln Sie für ein Inhalationsbad, beispielsweise mit Fichtenöl, einige Tropfen in das dampfend heiße Wasser einer

Fichte

Schüssel, halten sie den Kopf darüber und decken Sie sich mit einem Handtuch zu. Atmen Sie die Dämpfe ein, anschließend gut abtrocknen und ruhen. Für Teilbäder, etwa mit Walnussblättern gegen Fußschweiß, wird die Pflanze als Aufguss oder Abkochung zubereitet und anschließend in eine Schüssel gegossen. Für Vollbäder, beispielsweise mit Lavendel oder Baldrian, bereitet man die Pflanze in einer kleinen Menge Wasser zu – meist als Aufguss – und gießt die Brühe in das Badewasser.

Waschungen, Umschläge, Spülungen

Die übrigen Anwendungen basieren auf den bereits vorgestellten Zubereitungsformen. Beim Gurgeln wird der Aufguss nicht verschluckt, sondern wieder ausgespuckt, Waschungen werden wie Teilbäder bereitet und für Umschläge tränkt

Brombeere

man ein sauberes Leinentuch mit der zubereiteten Pflanze.

Die Heilpflanzenarten

Besenheide

Calluna vulgaris (Heidekrautgewächse)
H 30–100 cm   Aug.–Okt.   Strauch

Vorkommen *Heiden, magere Weiden, Moore und Kiefernwälder. Auf nährstoffarmen, sauren Böden. Europa bis Kleinasien.*

> ***Blüten in einseitswendiger Traube***
> ***blütenblattartiger Kelch doppelt so lang wie die Krone***

Wenn „die Heide blüht", reift ein Strauch heran, der schon im Mittelalter als heilkräftig galt. Heute wird das Heidekraut nur noch in der Volksheilkunde und Homöopathie verwendet: Blätter und Blüten enthalten vor allem Gerbstoffe, Flavonoide und pflanzliche Säuren. Aus Heidekraut bereitet man bei Blasen- und Nierenleiden einen harntreibenden Tee, der auch bei Schlaflosigkeit und Rheuma helfen soll. In der Bachblütentherapie soll Heather zwischenmenschliche Kontakte erleichtern.

Gesundheits-Tipp

Blütentee mit Honig erleichtert das Einschlafen: Pro Tasse 1 TL Blüten mit kochendem Wasser übergießen. Nach 10 Minuten wird abgeseiht und der Tee schluckweise getrunken.

Gewöhnlicher Seidelbast

Daphne mezereum (Seidelbastgewächse)

H 40–120 cm   März–April   Strauch   ☠

Der Seidelbast ist eine gefährliche Giftpflanze und darf daher auf keinen Fall gesammelt werden. Früher nutzten Heilkundige Beeren und Rindenextrakt als starkes Abführmittel, aber auch gegen Blasen, bei Rheuma und Gicht und sogar bei Keuchhusten. Heute wird die grüne Rinde als homöopathisches Mittel bei Hautleiden, Verdauungsstörungen und Rheuma verordnet.

Vorkommen *Mischwälder mit reichem Unterwuchs. Auf nährstoffreichen, möglichst kalkhaltigen Böden. Europa bis Westasien.*

> ***sommergrün, Blätter lanzettlich***
> ***Blätter erscheinen nach den Blüten***
> ***nur Kelch-, keine Kronblätter***

Schmalblättriges Weidenröschen

Epilobium angustifolium (Nachtkerzengewächse)

H 60–120 cm   Juli–Aug.   Staude

Zur Blütezeit fallen die Weidenröschen mit ihren leuchtenden Blüten ins Auge. Die oberirdischen, getrockneten Teile enthalten ein Gemisch von Wirkstoffen, das bei gutartiger Prostatavergrößerung das Harnlassen erleichtert. In der Volksheilkunde galt Weidenröschen als Heilmittel gegen Magen- und Darmentzündungen und zur Wundheilung. In Osteuropa bereitet man aus jungen Blättern einen beliebten Haustee, den „Koptischen Tee".

Vorkommen *Kahlschläge, Waldlichtungen, Straßenränder. In dichten, auffallenden Beständen. Europa, Asien, Nordamerika.*

> ***Blüte zuerst männlich, dann weiblich***
> ***Pionierpflanze mit zahlreichen Flugsamen***

Kleinblütiges Weidenröschen

Epilobium parviflorum (Nachtkerzengewächse)

H 30–80 cm Juni–Sept. Staude

Vorkommen *Bachränder, feuchte Wege, Gräben, nasse, nährstoffreiche Böden. Häufig. Europa, Asien, Nordafrika.*

> ***Blätter gegenständig, nicht stängelumfassend, oben wechselständig***

> ***Stängel rund, abstehend behaart***

Wie der deutsche Name bereits nahelegt, kann das Kleinblütige Weidenröschen nicht mit spektakulärer Blütenpracht aufwarten. Dennoch ist dieser bescheidene Vertreter der Gattung medizinisch ebenso wirksam wie sein großblütiger Verwandter. Das zur Blütezeit gesammelte Kraut enthält vor allem Flavonoide und Gerbstoffe. Es ist gesichert, dass der Tee das Harnlassen erleichtert, für seine angebliche Heilwirkung gegen Prostatakrebs gibt es aber keine Belege.

Gesundheits-Tipp

Schwarzer Haustee (auch vom Schmalblättrigen Weidenröschen): Etwa 2 TL trockene Blätter werden mit kochendem Wasser übergossen und nach 15 Minuten abgeseiht. Der Tee sollte nicht über längere Zeit genossen werden.

Hennastrauch

Lawsonia inermis (Weiderichgewächse)
H 2–6 m   Okt.–April   Strauch

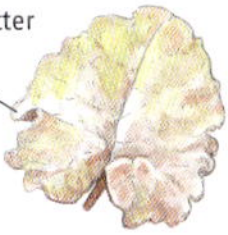

Lange bevor Henna als Haarfärbemittel in der westlichen Kosmetik bekannt wurde, galt es in der arabischen Welt schon als Heilpflanze. Der Farbstoff der Blätter diente als Heilmittel bei Durchfallerkrankungen (Amöbenruhr), Magengeschwüren und Fieber. Äußerlich wandte man einen Sud der Blätter bei Ekzemen, Geschwüren, Pilzerkrankungen und Krätze an.

Vorkommen *trockene, wüstenhafte Standorte. Nordafrika bis Sahara, Indien.*

> **helle, weißliche Rinde**
> **Blüten in Rispen, weiß bis rot**

Klatsch-Mohn

Papaver rhoeas (Mohngewächse)
H 30–90 cm   Mai–Juli   einjährig

Die leuchtend roten Blütenblätter enthalten keine pharmazeutisch wirksamen Substanzen. Trotz der nur sehr geringen Mengen an Alkaloiden wurde Mohn-Tee in der Volksheilkunde gegen Schmerzen und Schlafstörungen getrunken. Mit Zucker angesetzter Mohnsirup sollte gegen Heiserkeit und Husten helfen. Heute setzt man seine Blätter anderen Tees zu, um die Farbe des Aufgusses zu verbessern.

Vorkommen *Getreidefelder, Wege, Ödland, offene Stellen. Auf nährstoffreichen, kalkhaltigen Böden. Weltweit verbreitet.*

> **Knospe nickend, Blüte und Frucht aufrecht**
> **Kronblätter mit dunklem Fleck am Grund**
> **weißer Milchsaft**

Schlaf-Mohn

Papaver somniferum (Mohngewächse)
H 40–150 cm   Juni–Aug.   einjährig

Vorkommen *Ödland, Schutt. Auf nährstoffreichen Lehmböden. Heimat Westasien, legal und illegal angebaut.*

- ***Blätter unregelmäßig tief gezähnt, am Grund stängelumfassend***
- ***Blüten einzeln, bis 10 cm groß***
- ***Pflanze mit weißem Milchsaft***

Der Schlaf-Mohn ist ein gutes Beispiel dafür, dass eine Droge Segen und Fluch bedeuten kann. Ritzt man die unreifen Kapseln des Schlaf-Mohns an, tritt ein weißer Milchsaft aus, der an der Luft trocknet. Er enthält über 40 verschiedene Alkaloide, die zu medizinischen Produkten mit jeweils anderem Wirkungsspektrum verarbeitet werden: Morphin, Codein, Noscapin und Papaverin sind die bekanntesten. Opium und seine Derivate (z. B. Heroin) sind aber auch Rauschgifte mit hohem Abhängigkeitspotential.

Schon gewusst?

Schlaf-Mohn gehört nicht in die Hand des Laien, obwohl Babys früher zur Beruhigung eine Abkochung der Kapseln bekamen! Die leckeren schwarzen Mohnsamen auf Kuchen und Brötchen enthalten dagegen keine giftigen Alkaloide mehr und können bedenkenlos genossen werden.

Indischer Flohsame

Plantago ovata (Wegerichgewächse)
H 5–20 cm Dez.–April ein- bis zweijährig

Die Besonderheit dieses Wegerichs sind die Samen, bzw. Samenschalen. Sie enthalten große Mengen eines stark quellbaren Schleims, der eigentlich die Wasserversorgung der keimenden Samen sichert. Nimmt man die Samen mit reichlich Wasser ein, wird der Stuhl erweicht, der Darm angeregt und entleert.

Vorkommen *Offene, trockene Standorte auf sandigen Böden. Mittelmeer bis Südwestasien, Kanarische Inseln.*

> ***Blätter in grundständiger Rosette***
> ***Blätter schmal***
> ***Einzelblüten unscheinbar***

Großer Wiesenknopf

Sanguisorba officinalis (Rosengewächse)
H 30–150 cm Juni–Sep. Staude

In der Volksheilkunde galt das Kraut als Mittel, um blutende Wunden und innere Blutungen zu heilen. In einem Kräuterbuch aus dem 16. Jahrhundert heißt es, Wiesenknopf „stopft allerley bluttflüsse". Dafür verantwortlich sind seine Gerbstoffe. Heute kommt Wiesenknopf allenfalls in der Homöopathie als Mittel gegen Krampfadern und Durchfall zum Einsatz.

Vorkommen *Nasse Wiesen, Moorwiesen. Bis in mittlere Gebirgslagen auf nährstoffreichen Böden. Mitteleuropa, Asien, Nordamerika.*

> ***Grundblätter in Rosette***
> ***Stängelblätter wechselständig, unpaarig gefiedert***

Echter Eibisch

Althaea officinalis (Malvengewächse)

H 60–120 cm Juli–Sep. Staude

Vorkommen *Feuchte Standorte. Bevorzugt auf lehmigen, salzigen Böden. Asien, Osteuropa, deutsche Ostseeküste.*

- ***verwildert aus Kulturen***
- ***Pflanze weichfilzig behaart***
- ***Außenkelchblätter am Grund verwachsen, Kronblätter vorn eingebuchtet***

Pfarrer Kneipp schätzte den „schleimigen" Eibisch-Tee nicht besonders. Vom Altertum bis zur modernen Pflanzenmedizin hat der Eibisch aber seinen Platz als Heilpflanze behauptet. Der Tee aus Blättern, Blüten oder Wurzel hilft bei Entzündungen im Mund- und Rachenraum sowie einer Schleimhautentzündung in Magen und Darm. Wahrscheinlich hat Eibisch sogar eine immunstimulierende Wirkung. Gegen Husten hilft Eibischtee mit Honig. Die Volksheilkunde nutzt Eibischumschläge auch bei Hautkrankheiten.

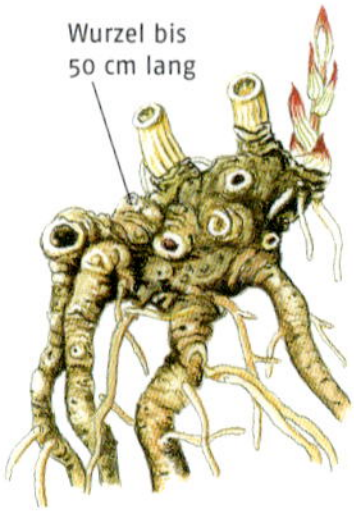

Gesundheits-Tipp

Zerkleinerte Eibischwurzel (1–2 TL) wird mit einer Tasse kaltem Wasser angesetzt, nach etwa 1 Stunde auf Trinktemperatur erwärmt und abgeseiht. Die Blätter (1–2 TL) können auch mit heißem, nicht kochendem Wasser übergossen werden. Nach 10 Minuten abseihen.

Acker-Gauchheil

Anagallis arvensis (Primelgewächse)

H 5–30 cm Juni–Okt. einjährig ☠

Im griechischen Altertum galt Gauchheil als Mittel gegen Melancholie, das Mittelalter schätzte es als Heilmittel für Geisteskranke (der „Gauch" ist ein Narr). In der Volksheilkunde wird das Kraut gegen Husten, bei Leber- und Nierenkrankheiten, sowie äußerlich bei Gelenkschmerzen eingesetzt. In der Pflanzenmedizin spielt Acker-Gauchheil keine Rolle, wird aber gelegentlich in der Homöopathie verordnet.

Vorkommen *Äcker, Wegränder, Gärten, Weinberge, Ödland. Auf nährstoffreichen Lehmböden. Fast weltweit.*

> ***vierkantiger, niederliegender Stängel***
> ***Blütenfarbe rot, rosa oder seltener blau***

Westlicher Erdbeerbaum

Arbutus unedo (Heidelbeergewächse)

H 1,50–6 m Okt.–März Strauch

Obwohl die Früchte an Erdbeeren erinnern, sind sie nur als Kompott genießbar. Der Erdbeerbaum ist mit dem Heidekraut verwandt. Die Blätter enthalten Arbutin, dessen Zerfallsprodukte antiseptisch wirken. Man nutzt sie bei Infektionen der Harnwege und gutartig vergrößerter Prostata. Außerdem gibt man einen Tee bei Durchfall und zum Gurgeln bei Wunden im Mund-Rachenraum.

Vorkommen *Küsten des Mittelmeeres, Macchien, immergrüne Lorbeerwälder.*

> ***Blätter immergrün, lorbeerartig***
> ***Früchte erdbeerartig***
> ***Blüten rosa bis weiß***

Echte Tollkirsche

Atropa bella-donna (Nachtschattengewächse)

H 50–150 cm   Juni–Aug.   Staude   ☠

Vorkommen *Waldlichtungen, Kahlschläge, Wegränder. Mitteleuropa, Südwestasien, Nordafrika.*

> ***Blätter breit lanzettlich, wechselständig***
> ***im Blütenbereich großes und kleines Blatt scheinbar gegenständig***

Diese Giftpflanze enthält eine Reihe von Alkaloiden (Hyoscyamin), Gerbstoffe und Flavonoide. Der Wirkstoff Atropin bildet sich erst, wenn die Pflanze getrocknet wird. Wegen ihrer Giftigkeit spielte die Tollkirsche keine große Rolle in der Volksheilkunde, musste aber für allerlei Zauber herhalten. Die moderne Medizin verwendet fast ausschließlich standardisierte Präparate: Sie lösen Krämpfe der inneren Organe, reduzieren die Sekretion von Schleimdrüsen oder weiten die Pupillen für Augenuntersuchungen.

Schon gewusst?

Die griechische Parze Atropos schneidet den Lebensfaden durch – daher der Name. Das wussten auch die Schotten, die um 1035 von den Wikingern angegriffen wurden: Sie mischten Tollkirschen in die Nahrung und siegten ohne Schwerter. Da die Alkaloide Halluzinationen erzeugen, glaubten die Hexen im Tollkirschen-Rausch zu fliegen.

Schlangen-Wiesenknöterich

Bistorta officinalis ssp. *officinalis* (Knöterichgewächse)

H 30–100 cm Mai–Juli Staude

Die verdickte Wurzel enthält viel Stärke und wurde in Russland früher als Gemüse verzehrt. Medizinisch wichtiger sind die Gerbstoffe. Sie wirken bei äußerlichen Wunden (Umschläge, Bäder) zusammenziehend, bilden aber auch die Grundlage für Gurgelwässer bei Entzündungen im Mund- und Rachenraum bzw. als Tee bei Durchfallerkrankungen.

Vorkommen *Feuchte bis nasse Wiesen, Hochstaudenfluren, Ufer. Auf nährstoffreichen Böden, Mitteleuropa, Asien.*

> ***Blätter bis 20 cm lang, länglich-eiförmig***
> ***Stängelblätter sitzend***

27

Graubehaarte Zistrose

Cistus creticus ssp. *creticus* (Zistrosengewächse)

H 30–100 cm April–Juni Strauch

Seit dem Altertum ist das getrocknete Harz dieses Gehölzes als Ladanum bekannt. Es diente als kosmetisches und Räuchermittel und zum Stillen von Blut. Heute nutzt man eher die Blätter als Heiltee. Die Polyphenole sollen die freien Radikale binden und damit das allgemeine Wohlbefinden und die Abwehr von Krankheiten steigern.

Vorkommen *Sonnige, steinige, trockene Böden, Macchien und Garigues. Mittelmeergebiet.*

> ***immergrün***
> ***Blätter eiförmig bis lanzettlich, behaart***
> ***Blütenblätter erinnern an Seidenpapier***

Echtes Tausendgüldenkraut

Centaurium erythraea (Enziangewächse)

H 10–50 cm Juli–Sept. einjährig

Vorkommen *Waldlichtungen, Halbtrockenrasen. Sonnige, trockene Standorte. Europa, Westasien, Nordafrika.*

> **Blüten in Scheindolde**
> **Blätter in grundständiger Rosette**
> **Stängel vierkantig**

28

Das hübsche Wiesenkraut ist geschützt und darf in Deutschland nicht gesammelt werden. Das verwendete Kraut stammt aus anderen Ländern. Es zeichnet sich durch einen hohen Gehalt an Bitterstoffen aus, der bei allen Zubereitungen zu schmecken ist. Der Tee regt den Fluss von Speichel und Magensaft an; er hilft bei Verdauungsproblemen und Völlegefühl. In der Volksheilkunde trank man ihn gegen Eingeweidewürmer, bei Bleichsucht und Blutarmut. In der Bachblütentherapie stärkt Centaury das Selbstbewusstsein.

Gesundheits-Tipp

Tausengülden-Wein wird als Aperitif vor den Mahlzeiten getrunken: Übergießen Sie je 30 g des Krautes und Pfefferminzblätter mit etwa 1 l trockenem Weißwein, dazu kommt der Saft einer Zitrone (oder Apfelsine). Nach 7–10 Tagen wird der Ansatz filtriert.

Alpenveilchen

Cyclamen purpurascens (Primelgewächse)
H 5–15 cm Juni–Sept. Staude ☠

Da die Knollen Erbrechen, Durchfälle bis hin zu Lähmungen und Krämpfen hervorrufen, wurden sie als starkes Abführmittel eingesetzt. In der Homöopathie ist die frische Knolle immer noch gegen Kopfschmerzen, Migräne und Verdauungsstörungen in Gebrauch. In der Antike war man offenbar weniger vorsichtig: Schlangenbisse, Augenkrankheiten, Gicht und Milzleiden sollten durch Alpenveilchen geheilt werden.

Vorkommen *Wälder, Gebüsche, Gärten. Alpen.*

> ***Blätter immergrün***
> ***in viele Sorten als Gartenpflanzen***

Ruprechtskraut

Geranium robertianum (Storchschnabelgewächse)
H 20–40 cm Mai–Okt. einjährig

Aus den Kräuterbüchern der Vergangenheit ist nur Lobendes über das Kraut des Hl. Ruprecht zu hören – heute wird es allenfalls in der Homöopathie verwendet. Die Gerbstoffe in den oberirdischen Teilen helfen bei Durchfall und äußerlich bei schlecht heilenden Wunden. Zusätzlich nutzt die Volksheilkunde es bei Magen-, Darm-, Blasen- und Nierenentzündungen.

Vorkommen *Wälder, Ödland, Mauern, Schuttflächen, Gärten. Mitteleuropa, Asien, Nordafrika, Nordamerika.*

> ***Pflanze riecht unangenehm***
> ***Blätter tief handförmig einschnitten***
> ***Stängel und Blätter oft rot überlaufen***

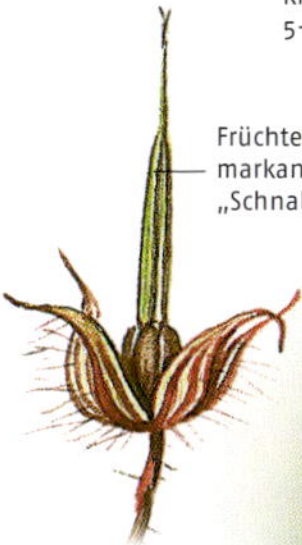

Wilde Malve

Malva sylvestris (Malvengewächse)

H 30–100 cm Juni–Okt. Staude

Vorkommen *Wegränder, Ödland, Schuttplätze. An sonnigen, trockenen Standorten. Europa, Asien, Nordafrika.*

- ***zeigt stickstoffreiche Böden an***
- ***Blüten zu 2–6 in den oberen Blattachseln***
- ***Stängel niederliegend bis aufsteigend***

Blüten und Blätter der Wilden Malve enthalten vor allem Schleimstoffe, aber auch Gerbstoffe und Flavonoide. Der Schleim legt sich lindernd über entzündete Schleimhäute und macht einen Malventee zum wirkungsvollen Heilmittel bei Husten, Katarrhen und Entzündungen von Magen und Darm. Da der Blütenfarbstoff (Anthocyane) dem Aufguss eine rote Färbung verleiht, gibt man Malvenblüten auch Teemischungen bei. Im Altertum verordnete man Malvenblattgemüse bei Verstopfung.

Gesundheits-Tipp

Malvenblüten haben einen etwas höheren Schleimgehalt als die Blätter. Übergießen Sie 2 TL der Blüten mit kochendem Wasser, abseihen nach 10–15 Minuten. Alternativ wird etwas mehr der Blüten mit kaltem Wasser übergossen und nach 2–3 Stunden abgeseiht. Auf Trinktemperatur erwärmen.

Oleander

Nerium oleander (Hundsgiftgewächse)

H 1–4 m Juli–Sept. Strauch ☠

Bei uns ist der Oleander eher als Kübelpflanze für den Garten bekannt. In seiner mediterranen Heimat galt er seit der Antike als Heilmittel gegen Schlangenbisse – auch in der arabischen Medizin. In jüngerer Zeit sind Oleanderblätter nur noch selten als Fertigpräparate in Gebrauch. Sie enthalten herzwirksame Glykoside, die bei Herzmuskelschwäche oder Altersherz verordnet werden.

Vorkommen *Periodisch trockene Bach- und Flussufer. Mittelmeergebiet.*

- ***in Mitteleuropa als Zierpflanze in Kübeln***
- ***Blätter immergrün***
- ***Pflanze enthält Milchsaft***

Mandelbaum

Prunus dulcis var. *dulcis* (Rosengewächse)

H 2–8 m Feb.–April Baum oder Strauch

Aus den schmackhaften Samen wird ein wertvolles Öl hergestellt. Es dient als Grundlage medizinischer Salben und Einreibungsmittel (Linimente). In der Volksheilkunde nutzte man es bei Entzündungen von Magen und Darm. Aus den Pressrückständen, der „Mandelkleie", werden Gesichtsmasken gegen unreine Haut hergestellt. Das Öl der verwandten Bittermandel (var. *amara*) dient der Herstellung von Marzipan.

Vorkommen *Heimat Südwestasien. Als Zier- und Nutzpflanze in viele gemäßigt warme Länder eingeführt.*

- ***Die verwandte Bittermandel ist giftig***
- ***Blüten erscheinen vor den Blättern***
- ***Blätter lanzettlich, fein gesägt***

Echtes Lungenkraut

Pulmonaria officinalis (Raublattgewächse)

H 10–30 cm   März–Mai   Staude

Vorkommen *Laubwälder und Gebüsche. Ganz Europa.*

- > ***Pflanze rau, aber locker behaart***
- > ***Grundblätter lang gestielt***
- > ***P. obscura ähnlich, aber Blätter ungefleckt***

Das Lungenkraut taucht erstmals bei Hildegard von Bingen als „Lungwurtz" auf. Sie und spätere Heilkundige sahen in den weiß gefleckten Blättern die Signatur für Lungenkrankheiten und setzten das Kraut entsprechend ein. Die Blätter enthalten Schleime und einen relativ hohen Anteil an Kieselsäure. Lungenkraut wird von der Schulmedizin nicht verwendet. Es spielt nur in der Homöopathie bei Bronchitis und in der Volksheilkunde bei Entzündungen im Mund- und Rachenraum noch eine Rolle.

Gesundheits-Tipp

Einen Aufguss zum Gurgeln bei Heiserkeit oder Husten bereitet man wie folgt: Pro Tasse 1 TL getrocknete Blätter mit kochendem Wasser übergießen und nach 10 Minuten abseihen. Nicht herunterschlucken.

Blüten erst hellrot, später blauviolett

Blütenkrone 8–22 mm lang

Rostblättrige Alpenrose

Rhododendron ferrugineum (Heidekrautgewächse)
H 30–120 cm   Juni–Aug.   Strauch

Heute wird vom Blatttee abgeraten, da nicht alle Inhaltsstoffe bekannt sind. Im alpenländischen Raum galten die Blätter in der Volksheilkunde als Mittel gegen Rheuma, Gicht, Migräne, sogar gegen Bluthochdruck. In homöopathischer Verdünnung werden Blätter und Zweige der Alpenrose bei Nervenschmerzen, Rheuma und Hodenentzündungen verordnet.

***Vorkommen** Alpen, Pyrenäen. Gebüsche an der Waldgrenze.*

> **verzweigter, niedriger Strauch**
> **Blätter immergrün, ledrig**
> **Blätter unterseits mit rostbraunen Drüsenschuppen**

Hunds-Rose

Rosa canina (Rosengewächse)
H 1–3 m   Juni   Strauch

Frisch zu Marmelade verarbeitete Hagebuttenschalen behalten ihren hohen Vitamin-C-Gehalt. Die getrockneten Schalen der Frucht sind in Tees zur Vorbeugung gegen Erkältung enthalten, in der Medizin dagegen werden die ganzen Hagebutten verwendet. Das Samenöl dient zur Behandlung von Narben und glättet Falten der Haut. In der Bachblütentherapie nimmt man Wild Rose gegen Resignation.

***Vorkommen** Hecken, Waldränder, Ödland, Straßen- und Wegbepflanzungen. Europa bis Zentralasien.*

> **Zweige mit Stacheln kletternd oder überhängend**
> **Stacheln sichelförmig mit scheibenförmigem Grund**

Echtes Seifenkraut

Saponaria officinalis (Nelkengewächse)

H 30–80 cm Juni–Sept. Staude ☠

Vorkommen *Flussauen, Wege, Ödland. Auf nährstoffreichen Böden. Häufig. Süd- bis Mitteleuropa.*

> ***auch reinweiß blühende Formen***

> ***Blätter dreinervig, lanzettlich***

Die Wurzel des Seifenkrautes enthält bis zu 8 % Saponine, verschiedene Kohlenhydrate und andere Stoffe. Die Verwendung als Heilpflanze geht auf arabische Ärzte zurück, die damit Hautkrankheiten (Flechten), Lepra und Geschwüre heilen wollten. Da die Wurzel das Aushusten von Schleim fördert, nutzten die Kräuterkundigen sie seit dem Mittelalter vorwiegend bei Erkrankungen der Atemwege. In der Volksheilkunde galt Seifenkraut als Mittel gegen Hautkrankheiten und Rheuma.

Schon gewusst?

Der Name des Seifenkrauts geht auf eine ganz andere Nutzung zurück: Die Saponine bilden in Wasser einen seifenartigen Schaum. Daher bereitete man aus der Wurzel nur selten Tee, sondern zerrieb sie viel häufiger in einem Bottich als Waschmittel.

Krainer Tollkraut

Scopolia carniolica (Nachtschattengewächse)

H 20–60 cm   April–Mai   Staude   ☠

Antonio Scopoli (1723–88) beschrieb diese Pflanze in der Flora von Slowenien. Sie war dort als Hexenpflanze und Aphrodisiakum bekannt, denn sie enthält halluzinogen wirkende Alkaloide. Diese Heilpflanze kann Krämpfe der inneren Organen lösen, wird aber wegen wirkungsvollerer Heilmittel nur noch selten verwendet. In der Volksheilkunde nutzt man sie bei Rheuma, Gicht und Zahnschmerzen.

Vorkommen *Unterwuchs von Laubwäldern. Südosteuropa.*

> **Blätter länglich, zugespitzt, zum Stiel hin schmäler werdend**
> **Blüten einzeln, nickend**
> **Krone innen gelbgrün**

Arznei-Beinwell

Symphytum officinale ssp. *officinale* (Raublattgewächse)

H 30–100 cm   Mai–Juli   Staude   ☠

Der Glaube, dass Beinwell bei Knochenbrüchen hilft, scheint so alt wie die Pflanzenmedizin selbst. Er reicht von der Antike über Hildegard von Bingen bis zu den späteren Kräuterbüchern. Die Wurzel enthält unter anderem Saponine, Gerbstoffe und Schleime. Die giftigen Pyrrolizidinalkaloide stehen im Verdacht Krebs zu erregen, die Wurzel wird daher nur noch für begrenzte Zeit äußerlich in Form von Umschlägen angewandt.

Vorkommen *Ufer, Wegränder, Wiesen, Auwälder. Auf feuchten bis nassen, nährstoffreichen Böden. Europa, Asien.*

> **Pflanze rau behaart**
> **Blütenstände vor der Blüte eingerollt**
> **Blütenfarben gelblich weiß, purpurn oder rotviolett**

Blaubeere

Vaccinium myrtillus (Heidekrautgewächse)

H 15–50 cm   April–Aug.   Strauch

Vorkommen *Artenarme Wälder, moorige Heiden. Auf sauren, nährstoffarmen Böden. Europa, Nordwesasien.*

> ***Zweige scharfkantig bis geflügelt***
> ***Blätter wechselständig, sommergrün, spitz eiförmig***

Heidelbeeren sind nicht nur leckere Wildfrüchte, die leider in größeren Mengen Durchfall hervorrufen können, sondern auch Medizin. Sie enthalten größere Mengen Gerbstoff und wirken in getrockneter Form gegen Durchfall. Der frisch gepresste und verdünnte Saft hilft bei Entzündungen im Mund- und Rachenraum. Ein Tee aus den Blättern ist ein altes Volksmittel gegen Magen- und Darmbeschwerden und Blasenschwäche. Die blutzuckersenkende Wirkung ist wissenschaftlich nicht belegt.

Gesundheits-Tipp

Gegen Durchfall werden pro Tasse 1–2 Esslöffel getrockneter Beeren mit kaltem Wasser übergossen, zum Kochen gebracht und nach 10 Minuten abgeseiht. Vor dem Trinken sollte der Tee stark abkühlen.

Echter Baldrian

Valeriana officinalis (Geißblattgewächse)

H 40–100 cm Mai–Aug. Staude

Vorkommen *Feuchte Wiesen und Wälder, Flussufer, Gräben. Häufig. Europa, Asien.*

- **Formenreiche Sammelart**
- **verschiedene Blütenstände**
- **Früchte mit fedrigen Borsten**

Die sprichwörtliche Anziehungskraft auf Katzen geht auf den spezifischen Duft der trocknenden Wurzeln zurück. Mit diesem Duft hofften die Menschen des Mittelalters bösen Zauber und sogar die Pest abwehren und Partner anlocken zu können – Baldrian war auch Aphrodisiakum. Die Verwendung als Beruhigungsmittel war damals unbekannt und ist eine Erkenntnis jüngerer Zeit. Der Baldrian ist ein gutes Beispiel für die „echte" Wirkung einer Heilpflanze, denn sie wirkt nur als Ganzes und nicht in gereinigten Auszügen.

Gesundheits-Tipp

Ein beruhigendes Vollbad bereitet man aus 100 g Wurzeln, die mit 2 l Wasser übergossen und aufgekocht werden. Nach 10 Minuten wird abgeseiht und die Flüssigkeit ins Badewasser gegeben.

Große Klette

Arctium lappa (Korbblütengewächse)

H 80–150 cm Juli–Aug. zweijährig

***Vorkommen** Ödland, Wegränder, Bahnanlagen, Zäune, Ufer. Auf nährstoffreichen Böden. Europa, Asien.*

- ***Wurzeln wie Schwarzwurzeln essbar***
- ***nur Röhrenblüten***
- ***Grundblätter bis 50 cm lang***

Die Klettenwurzel enthält Schleime, bis zu 70 % des Zuckers Inulin, ätherisches Öl und andere Stoffe. Sie spielt in der Schulmedizin keine Rolle, galt aber in der Volkmedizin als harn- und schweißtreibendes Mittel. Sie war Bestandteil von blutreinigenden Tees und wurde als Umschlag bei Rheuma, schlecht heilenden Wunden und Ekzemen angewandt. Tatsächlich wirken die Inhaltsstoffe antibiotisch.

Herbst-Zeitlose

Colchicum autumnale (Zeitlosengewächse)

H 5–40 cm Aug.–Nov. Staude ☠

***Vorkommen** Feuchte Wiesen, Streuobstwiesen. Auf nährstoffreichen Böden. Mitteleuropa, Nordafrika.*

- ***Weidetiere meiden die giftige Pflanze***
- ***Fruchtknoten tief unter der Erde***
- ***Blätter erscheinen im Jahr nach der Blüte***

Die Herbstzeitlose enthält ein tödlich wirkendes Gift, daher trat sie nie als Hausmittel in Erscheinung. Immerhin kannten die antiken Ärzte Giftigkeit und Wirkung und setzten sie als Mittel bei starken Gichtanfällen ein. Noch heute wird Colchicin – so der Name des Giftes – bei dieser Indikation verwendet. Allerdings muss der Arzt stets Wirksamkeit und Gefahr gegeneinander abwägen.

Roter Scheinsonnenhut

Echinacea purpurea (Korbblütengewächse)
H 60–180 cm   Juli–Sept.   Staude

Wegen seines hübschen Blütenstandes wurde der Scheinsonnenhut seit dem 18. Jahrhundert in Europa als Zierpflanze kultiviert und ist heute – neben verwandten Arten und Sorten – nicht mehr aus dem Gartensortiment wegzudenken. Die Indianer Nordamerikas benutzten Wurzeln und Blätter der Pflanze seit alters, um die Wundheilung zu unterstützen. Nach einer beinahe beispiellosen Karriere als immunstärkendes Mittel bewerten Mediziner die Präparate heute etwas kritischer und empfehlen eine gezielte Therapie.

***Vorkommen** Heimat Nordamerika, in Europa als Zier- und Heilpflanze auch feldmäßig kultiviert.*

> **Blätter am Grund abgerundet**
> **Zungenblüten breit, zuerst horizontal, dann herabhängend**

Gesundheits-Tipp

Nicht alle der zahlreichen Echinaceen-Präparate halten, was sie versprechen. Am besten ist ihre Wirkung bei einer beginnenden Erkältung belegt. Zum richtigen Zeitpunkt genommen, regen sie das körpereigene Immunsystem an.

Gewöhnlicher Wasserdost

Eupatorium cannabinum (Korbblütengewächse)
H 50–150 cm Juli–Sept. Staude

***Vorkommen** Lichtungen und Säume von Wäldern, Ufer. Auf feuchten Böden. Europa, Westasien, Nordafrika.*

> ***Blätter gegenständig, tief handförmig geteilt***
> ***Kunigundenkraut; Wundkraut der Hl. Kunigunde***

Die Ärzte der Antike empfahlen den Wasserdost gegen Schlangenbisse, Ruhr und Leberkrankheiten, das Mittelalter sah in ihm ein Mittel zur Stärkung der Manneskraft. Die Inhaltsstoffe lassen eine immunstimulierende Wirkung vermuten, während die Volksheilkunde den Wasserdost als harntreibend, abführend und den Gallenfluss fördernd beschreibt. Heute spielt er in der Heilkunde keine Rolle mehr.

Purpur-Enzian

Gentiana purpurea (Enziangewächse)
H 20–60 cm Juli–Sept. Staude

***Vorkommen** In Hochstaudenfluren auf nährstoffarmen Böden. Westalpen, Apennin, Skandinavien.*

> ***Blätter gegenständig***
> ***Kelch zweizipfelig, Krone verwachsen, zu einem Drittel in 5–8 Zipfel eingeschnitten***

Ähnlich wie sein gelb blühender Verwandter enthält die Wurzel bitter schmeckende Glykoside und Zucker. Die Pflanze ist selten und steht unter Schutz. Die Wurzel wurde fast ausschließlich zum Schnapsbrennen verwendet. Bei der Gärung verschwinden die Bitterstoffe weitgehend, sodass der Schnaps oder Likör kaum noch bitter schmeckt. In der Bachblütentherapie als Gentian gegen Pessimismus.

Blut-Weiderich

Lythrum salicaria (Weiderichgewächse)

H 50–100 cm Juli–Sept. Staude

Das getrocknete, blühende Kraut enthält Gerbstoffe, Flavonoide und ätherisches Öl. Wie viele gerbstoffhaltige Heilkräuter diente es als Heilmittel gegen blutende Wunden – von starken Monatsblutungen bis hin zur äußerlichen Anwendung bei offenen Beinen und Ekzemen. Eine weitere, seit alters bekannte Indikation waren Durchfallerkrankungen, wie Ruhr und angeblich sogar Typhus. In der modernen Pflanzenmedizin wird Blut-Weiderich nicht mehr verwendet.

Vorkommen *Nasse Wiesen, Gräben, Teichufer. Auf feuchten bis nassen Böden. Europa, Asien, Nordafrika.*

> ***Blätter gegenständig oder in Quirlen***
> ***Stängel vierkantig***
> ***Griffel und Staubblätter in drei verschiedenen Anordnungen***

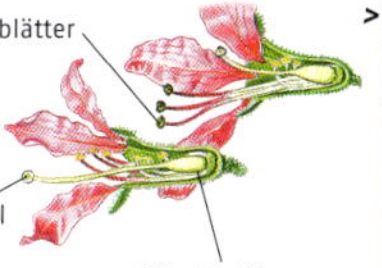

Schon gewusst?

Von einer merkwürdigen Anwendung berichtet N. Culpeper, ein Arzt der Barockzeit. Angeblich hilft ein Destillat aus dieser Pflanze gegen Augenverletzungen und Blindheit. Es wurde auch dazu benutzt, Fremdkörper aus dem Auge zu waschen.

Bauern-Pfingstrose

Paeonia officinalis ssp. *officinalis* (Pfingstrosengewächse)
H 30–120 cm Mai–Juni Staude ☠

Vorkommen *Wälder der Gebirge; Südeuropa bis Südalpen, Kleinasien, verbreitet als Gartenpflanze.*

- ***Knollig verdickte Wurzel***
- ***Blüten je nach Form einfach bis reich gefüllt***
- ***Blätter gefiedert***

Die Blütenblätter enthalten Gerb- und Farbstoffe, die anderen Tees als schmückende Beigabe eine intensivere Farbe geben. In der Volksheilkunde wurde aus ihnen ein Tee gegen Epilepsie, Gicht und Darmbeschwerden zubereitet. In der chinesischen Medizin wird die Wurzel der nahe verwandten *P. lactiflora* der „Vierkräutersuppe" beigefügt. Sie gilt als Schönheitsmittel, Yin-Tonikum für Frauen und lindert Menstruationsstörungen.

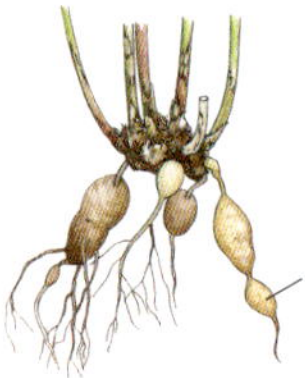

Winterharte Passionsblume

Passiflora incarnata (Passionsblumengewächse)
H 8–10 m kletternd Mai–Juli Staude

Vorkommen *Tropisches Amerika, Süden der USA, Mexiko, als Zierpflanze in Südeuropa.*

- ***Blüte mit Christussymbolik***
- ***rankende Pflanze***

Der Name wurde von Missionaren geprägt, die durch die Blüte an die Passion Christi erinnert wurden: drei Nägel, Dornenkrone, Kelch, fünf Wundmale, Lanze und Geißeln. Der Tee aus den oberirdischen Pflanzenteilen wirkt beruhigend und hilft bei Angstzuständen, Einschlafschwierigkeiten und nervösen Störungen. Das Kraut ist Bestandteil von Fertigpräparaten und Teemischungen.

Gewöhnliche Pestwurz

Petasites hybridus (Korbblütengewächse)

H 15–150 cm   April–Mai   Staude   ☠

Der deutsche Name stammt aus dem Mittelalter: die Wurzel sollte die Pest heilen – leider ein Irrtum. Die Wurzel enthält unterschiedliche Wirkstoffe, die Krämpfe lösen, Schmerz stillen, Entzündungen hemmen und auch gegen Spannungskopfschmerz und Migräne helfen. Die Volksheilkunde griff auf Extrakte zurück, die Wildform enthält allerdings Leber schädigende Pyrrolizidinalkaloide. In der modernen Pflanzenmedizin werden Fertigpräparate aus alkaloidfreien Züchtungen verwendet.

Vorkommen *Bach- und Flussufer, Gräben, nasse Wiesen. Auf nährstoffreichen Böden. Europa, Westasien.*

> ***Blütenstand erscheint lange vor den Blättern***
> ***Blätter bis 90 cm breit und mit Stiel 150 cm hoch***

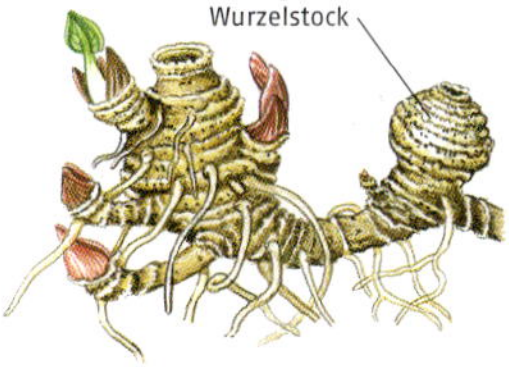

Schon gewusst?

Der lateinische Gattungsname geht auf den griechischen Arzt Dioskurides zurück: Ihn erinnerte die Form der mächtigen Blätter an einen Regenschirm (griechisch petasos).
Von einer Selbstmedikation ist unbedingt abzuraten.

Wiesen-Küchenschelle

Pulsatilla pratensis ssp. *pratensis* (Hahnenfußgewächse)

H 200–700 cm April–Mai Staude ☠

Vorkommen *Trockenrasen, lichte Kiefernwälder. Auf sandigen Böden. Mittel- und Osteuropa.*

> ***Blüten immer einzeln und nickend***
> ***Grundblätter zottig behaart, 2–3fach gefiedert; 3 am Grund verwachsene Stängelblätter***

Nur die frische Pflanze ist giftig. Die oberirdischen Teile werden heute noch in der Homöopathie für ein relativ breites Spektrum an Leiden verordnet. In der Volksheilkunde behandelte man damit Krämpfe im Genitalbereich, Migräne, Hautentzündungen, aber mit dem getrockneten Kraut auch Verdauungsstörungen und Augenkrankheiten.

Granatapfel

Punica granatum (Weiderichgewächse)

H 2–7 m Mai–Sept. Strauch

Vorkommen *Heimat Südwestasien, eingebürgert um das Mittelmeer.*

> ***Samen eingebettet in ein essbares, saftiges Fruchtfleisch***
> ***Blätter gegenständig, ledrig, oval***

Der essbare Granatapfel ist ein Symbol der Fruchtbarkeit. In der Rinde von Stamm und Wurzeln sind unter anderem 20% Gerbstoffe enthalten. Eines der Alkaloide, das Isopelletierin, lähmt die Muskulatur von Bandwürmern. Früher gab man anschließend ein Abführmittel, um die Würmer aus dem Darm zu entfernen. Wegen der gefährlichen Nebenwirkungen verzichtet man heute auf diese Anwendung.

Rhabarber

Rheum palmatum (Knöterichgewächse)

H 100–250 cm   Mai–Juni   Staude

Als säuerliches Kompott sind die Blattstiele des Rhabarbers wohl bekannt. Dabei handelt es sich allerdings nicht um den hier vorgestellten „Medizinal-Rhabarber". Seine Wurzeln enthalten verschiedene Glykoside, Gerbstoffe und Flavonoide. Der Tee regt den Appetit an und lindert die Beschwerden von Magen- und Darmkatarrhen; in höherer Konzentration wirkt er als mildes Abführmittel. Die homöopathischen Verdünnungen werden unter anderem bei Durchfallerkrankungen und zahnenden Kindern verordnet.

***Vorkommen** Heimat China, als Zier- und Heilpflanze nach Mitteleuropa eingeführt.*

> ***Blüten mit 6 Hüllblättern***
> ***große, lang gestielte Blätter, handförmig eingeschnitten***

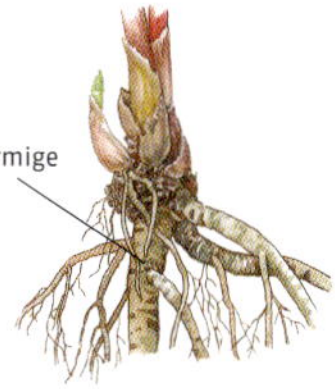

Gesundheits-Tipp

Bei Verstopfung: Die Rhabarberwurzel aus der Apotheke wird mit kochendem Wasser übergossen (1/2 Teelöffel je Tasse), nach 10–15 Minuten abgeseiht und frisch getrunken. Der Tee sollte nur nach Rücksprache mit dem Arzt getrunken werden.

Großer Sauerampfer

Rumex acetosa (Knöterichgewächse)

H 30–100 cm Mai–Juli Staude

***Vorkommen** Wiesen, Weiden, Unkrautgesellschaften an Fluss- und Bachufen. Auf nährstoffreichen Böden. Nordhalbkugel.*

- > ***weibliche und männliche Pflanzen***
- > ***6 Blütenhüllblätter, davon 3 zur Fruchtzeit deutlich größer***

Die Schulmedizin verschreibt den Sauerampfer nicht. Homöopathisch arbeitenden Medizinern und der Volksheilkunde gilt das frische Kraut seit alters als Mittel gegen Verdauungsbeschwerden und Infektionskrankheiten. Beliebt waren blutreinigende Frühjahrskuren mit Salaten aus den frischen Blättern. Deren Gehalt an giftigen Oxalsäuren verbietet allerdings zu üppige Mahlzeiten.

Dach-Hauswurz

Sempervivum tectorum (Dickblattgewächse)

H 15–50 cm Juli–Sept. Staude

***Vorkommen** Trockene, felsige Standorte. Alpen bis Pyrenäen aber häufig angepflanzt.*

- > ***soll auf dem Dach gepflanzt, vor Blitzschlag schützen***
- > ***Stängelblätter anliegend***
- > ***zahlreiche Blüten in endständigem Blütenstand***

Hauswurz auf Dächern anzupflanzen, hat eine lange Tradition. Schon die Römer taten dies und die Menschen des Mittelalters glaubten fest daran, dass Hauswurz gegen Blitzschlag hilft. In den fleischigen Blättern sind Gerbstoffe, Schleime und verschiedene Pflanzensäuren enthalten. Auf eine Wunde wie Verbrennung, Verletzung oder Mückenstich aufgebracht, wirkt der frische Saft kühlend.

Gewöhnliche Mariendistel

Silybum marianum (Korbblütengewächse)

H 30–150 cm April–Aug. zweijährig

Die frommen Menschen des Mittelalters sahen in den weißen Blattzeichnungen die Milch Mariens. In den Schalen der Früchte ist das Stoffgemisch Silymarin enthalten. Lange Zeit galten die Blütenkörbchen der Mariendistel vor allem als wirksames Mittel gegen Depressionen. Die Silymarinfreien Blätter wurden bei Leber- und Gallenbeschwerden eingesetzt. Heute nutzt die moderne Pflanzenmedizin das Silymarin in Fertigpräparaten gegen Leberschäden und bei akuten Leberkrankheiten, vor allem zur Vorbeugung.

***Vorkommen** Wegränder und Ödland in Unkrautgesellschaften. Südwestasien, Mittelmeergebiet, in Mitteleuropa angepflanzt.*

> ***Blattrosette zweijährig, deutlich weiß gezeichnet***
> ***Blütenköpfchen erscheinen im zweiten Jahr***

Gesundheits-Tipp

Bei leichten Verdauungsbeschwerden: Ein TL zerstoßener Samen je Tasse wird mit kochendem Wasser übergossen. Nach 10–15 Minuten abseihen und heiß trinken. Einige Pfefferminzblätter verbessern Geschmack und Wirkung.

Langzähnige Schwarznessel

Ballota nigra (Lippenblütengewächse)

H 30–100 cm   Juni–Sept.   Staude

Vorkommen *Wege, Zäune, Ödland. In Unkrautgesellschaften auf nährstoffreichen Böden. Europa, Westasien, Nordafrika, Nordamerika.*

> ***obere Blüten nicht zu einer Scheinähre zusammengezogen***
> ***Stängel 4-kantig, behaart***
> ***Pflanze riecht unangenehm***

Der unangenehme Geruch des Krautes scheint den Menschen abzuschrecken. Vielleicht wurde es deshalb in der Volksheilkunde so selten verordnet. Verwendung fand das Kraut bei krampfartigem Husten, zur Beruhigung bei Hysterie, bei Magenkrämpfen, Übelkeit und äußerlich gegen Gicht. In der Homöopathie dienen die Verdünnungen der frischen Schwarznessel (dort als Ballota foetida, „stinkende" Schwarznessel bezeichnet) als Mittel gegen Schlafstörungen.

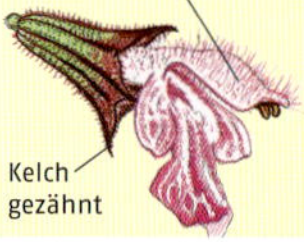

Hohler Lerchensporn

Corydalis cava (Mohngewächse)

H 10–35 cm   März–Mai   Staude   ☠

Vorkommen *Krautreiche Buchen- und andere Laubwälder, Auwälder, Gärten. Mitteleuropa.*

> ***Blüten in aufrechter Traube***
> ***oberes Kronblatt in langen Sporn ausgezogen***
> ***nur 2 Stängelblätter, doppelt 3-zählig***

Die Knolle ist giftig, sie enthält verschiedene Alkaloide. Früher diente sie in der Volksheilkunde als Betäubungsmittel, zudem sollte sie Eingeweidewürmer vertreiben und die Menstruation erleichtern. Eine beruhigende Wirkung auf das zentrale Nervensystem ist heute nachgewiesen und Knollenextrakte sind in Fertigpräparaten gegen nervöse Erregung und Schlafstörungen enthalten.

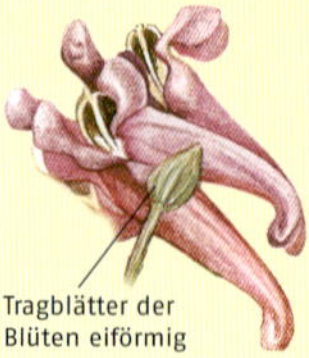

Diptam

Dictamnus albus (Rautengewächse)

H 60–120 cm Mai–Juni Staude ☠

Der Diptam ist eine Giftpflanze, außerdem kann es bei intensivem Kontakt mit der Pflanze zu starken Reaktionen der Haut auf Licht kommen. Die ersten Nachrichten von Diptam als Heilpflanze stammt von Hildegard von Bingen. Sie hält ihn für „warm und trocken" und empfiehlt ihn unter anderem bei Herzleiden. Die Volksheilkunde nutzt die Blätter zur Wundheilung, als menstruationsförderndes Mittel und gegen Rheuma.

Vorkommen *Waldränder, Felshänge, lichte Wälder. Auf trockenen, kalkreichen Böden. Mittel- und Südeuropa, Kleinasien.*

> ***Blätter mit 3–5 Fiederpaaren***

> ***stark duftend, schwarze Drüsenhaare***

Schon gewusst?

Der Diptam zeichnet sich durch leicht flüchtige ätherische Öle in den Blütenblättern aus. An sehr heißen Tagen lassen sie sich direkt an der Pflanze entzünden, daher trägt sie auch den Namen „Brennender Busch". Wegen der Giftigkeit verbietet sich Selbstmedikation.

Roter Fingerhut

Digitalis purpurea ssp. *purpurea* (Wegerichgewächse)
H 40–150 cm   Juni–Aug.   zweijährig bis Staude ☠

Vorkommen *Kahlschläge, Wegränder und Lichtungen im Wald. Auf lockeren, sauren Böden. Westeuropa.*

> ***Stängel aufrecht, unverzweigt, filzig behaart***
> ***im 1. Jahr Blattrosette, im 2. Jahr Stängel mit Blüten***

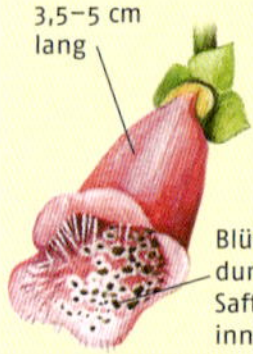

Die medizinisch sehr interessante Wirkung des Fingerhuts wurde erst in jüngster Zeit entdeckt – von der Volksheilkunde wurde die Pflanze kaum genutzt. Die getrockneten Blätter des Roten Fingerhutes enthalten Digitalis-Glykoside, Saponine und andere Inhaltsstoffe. Das Digitoxin wird in der Schulmedizin bei Herzinsuffizienz eingesetzt. Früher musste man dabei auf einen Gesamtauszug zurückgreifen; er wurde auf einen patientenspezifischen Wirkstoffgehalt eingestellt. Heute verwendet man ausschließlich – außer in der Homöopathie – die gereinigten Glykoside.

Schon gewusst?

Der Fingerhut hat eine merkwürdige Karriere als Heilpflanze gemacht. Irische Mönche des frühen Mittelalters empfahlen ihn bei Geschwüren, Kopfschmerzen und Lähmungen. Erst 1786 erkannte der englische Arzt William Withering die Wirkung von Digitalis auf das Herz.

Gewöhnlicher Erdrauch

Fumaria officinalis ssp. *officinalis* (Erdrauchgewächse)

H 15–30 cm Mai–Okt. einjährig

Die getrockneten, oberirdischen Teile des Erdrauchs enthalten verschiedene Alkaloide. Das Kraut wird von der Pflanzenmedizin bei krampfartigen Beschwerden der Gallenblase verordnet. Die Volksheilkunde nutzt es darüber hinaus bei Verstopfung, Leberkrankheiten, Blasenleiden und Rheuma. In der Antike und der arabischen Medizin galt Erdrauch als gutes Mittel gegen Melancholie.

Vorkommen Unkrautbestände, Äcker, Gärten, Ödland. Europa bis Zentralasien.

- > Nährstoffzeiger
- > Blüten in aufrechten Trauben
- > Kelchblätter gezähnt

Lakritze, Kahles Süßholz

Glycyrrhiza glabra (Hülsenfrüchtler)

H 50–100 cm Mai–Sept. Staude

Aus der Süßholzwurzel erhält man einen Grundstoff zur Lakritzherstellung (Glycyrrhizin). Dieser Stoff löst den zähen Schleim bei Husten und im Magen lindert er Entzündungen der Magenschleimhaut. Im 15. Jahrhundert legte man um Bamberg große Kulturen dieses Heilkrautes an. Übrigens ist ein allzu reichlicher Genuss von Lakritz schädlich, denn Glycyrrhizin greift in den Hormonstoffwechsel ein.

Vorkommen Heimat östliches Mittelmeergebiet, Südostasien.

- > Wurzel innen gelb, süß schmeckend
- > Blätter gefiedert
- > Fiedern länglich-oval, unterseits klebrig

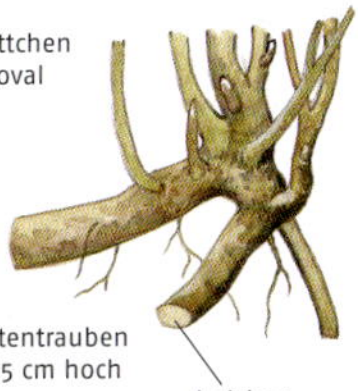

Echtes Herzgespann

Leonurus cardiaca (Lippenblütengewächse)

H 30–100 cm Juni–Sept. Staude

Vorkommen *Unkrautbestände an Wegen, Hecken, Gärten. Auf nährstoffreichen Böden. Europa, Asien.*

- > ***Lippenblüten in dichten Blütenständen***
- > ***untere Blätter ahornförmig***
- > ***obere Blätter kaum oder ungeteilt***

In den krautigen Teilen der Pflanze sind sehr unterschiedliche Wirkstoffe enthalten (Bitterstoffe, Betaine, Flavonoide und andere mehr). Sie können den Blutdruck senken, Krämpfe lösen und die Kontraktion des Uterus verstärken. Sowohl in der Volks- als auch in der Schulmedizin wird Herzgespann bei nervösen Herzbeschwerden, Schilddrüsenüberfunktion und in den Wechseljahren verordnet.

Polei-Minze

Mentha pulegium (Lippenblütengewächse)

H 10–50 cm Juni–Sept. Staude ☠

Vorkommen *Feuchte Ufer. Heimat Mittelmeergebiet, nach Europa, Südwestasien, Nordafrika verschleppt.*

- > ***Pflanze aromatisch duftend***
- > ***Kelch 2-lippig***
- > ***Blätter oval, glatt bis grob gezähnt***

Im Unterschied zur Pfefferminze enthält das ätherische Öl dieser Verwandten das giftige Pulegon. In der Volksheilkunde diente das Kraut als Heilmittel bei Verdauungsbeschwerden, Leber- und Gallenleiden und Menstruationsbeschwerden. In höherer Konzentration wurde es als Abtreibungsmittel benutzt – hierbei kam es immer wieder zu Todesfällen.

Pfeffer-Minze

Mentha piperita (Lippenblütengewächse)

H 30–90 cm   Juni–Aug.   Staude

Der charakteristische Geschmack der Pfefferminze war offenbar bereits den Ägyptern bekannt – Grabfunde dieser Pflanze reichen bis 1200 v. Chr. zurück. Menthol, der Hauptbestandteil des ätherischen Öls, wird für die krampflösende und beruhigende Wirkung im Magen-Darm-Trakt verantwortlich gemacht. Ob als Genussmittel, als pflanzliches Medikament, in Form von Tee oder äußerlich aufgebracht: Die Pfefferminze ist sowohl in der Schul- als auch in der Volksheilkunde beliebt.

Vorkommen *Nur in Gärten oder im Anbau, gelegentlich verwildert.*

- ***natürlicher Bastard mit ungeklärter Herkunft***
- ***Vermehrung nur über Ausläufer möglich***

Gesundheits-Tipp

Pfefferminztee aus getrockneten Blättern beruhigt den Magen: Pro Tasse 1 EL Blätter mit kochendem Wasser übergießen, 5–10 Minuten ziehen lassen und abseihen. Mehrmals täglich eine frisch zubereitete Tasse trinken.

Scharlach-Indianernessel

Monarda didyma (Lippenblütengewächse)

H 50–90 cm Juli–Sept. Staude

***Vorkommen** Heimat Nordamerika, als Zierpflanze nach Europa eingeführt.*

> ***in mehreren Sorten als Gartenpflanze***
> ***Wildart mit scharlachroten Blüten***
> ***obere Blätter rot überlaufen***

Vielen Menschen ist diese hübsche Staude nur als Gartenzierpflanze bekannt. In ihrer amerikanischen Heimat kennt man sie als appetitanregende und den Magen beruhigende Heilpflanze. Verantwortlich dafür sind ätherische Öle in den Blättern und Blüten. Der Gerbstoffgehalt des Krautes wurde genutzt, um Wunden auszuwaschen. Mit den essbaren Blüten lassen sich Sommersalate dekorativ verzieren.

Gewöhnliche Katzenminze

Nepeta cataria (Lippenblütengewächse)

H 40–100 cm Juli–Sept. Staude

***Vorkommen** Unkrautbestände auf Ödland, an Wegrändern, Mauern. Aus Südosteuropa und Westasien nach Mitteleuropa eingeschleppt.*

> ***Pflanze aromatisch duftend***
> ***Blätter unterseits kurz grau behaart***
> ***kann Katzen anlocken***

Katzenminze lockt, ähnlich wie Baldrian, Katzen an, wenn auch mit anderen Wirkstoffen. Die Blätter enthalten ätherisches Öl und Bitterstoffe. Sie wurden nur in der Volksheilkunde gegen Verdauungsstörungen und bei Erkältung als schweißtreibend und fiebersenkend eingenommen. Ein irisches Kräuterbuch des 18. Jahrhunderts empfiehlt sie bei inneren Quetschungen und Kurzatmigkeit.

Basilikum

Ocimum basilicum (Lippenblütengewächse)

H 20–50 cm Juni–Sept. einjährig

Basilikum kennen wir fast nur noch als Verdauung anregendes Gewürz. Dazu trug sicher bei, dass ein Bestandteil des ätherischen Öls als zellschädigend erkannt wurde. Das war allerdings nicht immer so. In Indien gilt Basilikum als heilige Pflanze, die alten Ägypter und Griechen kannten es (griechisch basilikós = königlich) und in der römischen Kaiserzeit wurde es als Gewürz- und Heilpflanze bei Verdauungsstörungen und Vergiftungen genutzt. Als Heilkraut nicht für Schwangere verwenden, Säuglinge, Kleinkinder, als Gewürz unbedenklich.

***Vorkommen** Heimat Indien, als Gewürzpflanze weltweit kultiviert.*

> ***Pflanze aromatisch duftend***
> ***Blätter glänzend, ganzrandig bis gezähnt***

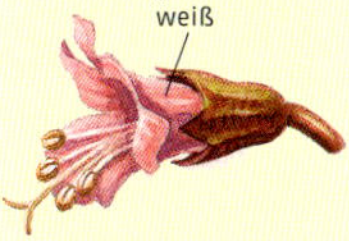

Gesundheits-Tipp

Der Geschmack des Basilikums kommt intensiv in einem Pesto zur Geltung: Zerkleinern Sie reichlich frische Basilikumblätter mit Olivenöl in einem Mörser und geben Sie Pinienkerne und Knoblauch dazu. Das Pesto lässt sich gut einfrieren.

Dornige Hauhechel

Ononis spinosa (Hülsenfrüchtler)

H 30–60 cm   Juni–Juli   Halbstrauch

Vorkommen *Nährstoffarme Wiesen und Weiden, Wegränder. Häufig auf Kalkböden. Mitteleuropa.*

- > ***tief reichende Pfahlwurzel***
- > ***Halbstrauch nur an der Basis verholzt***
- > ***untere Blätter 3-zählig, obere einfach***

Die Wurzel der Hauhechel enthält unter anderem Flavonoide, ätherisches Öl, Onocol und Gerbstoffe. Der griechische Arzt Dioskurides erkannte ihre harntreibende Wirkung. Sowohl in der Schulmedizin als auch in der Volksheilkunde wird Hauhechel in diesem Sinne genutzt. Hauhecheltee durchspült entzündete Harnwege und beugt der Bildung von Harnsteinen vor. In der Volksheilkunde gilt der Tee als hilfreich bei Rheuma und Gicht.

Gesundheits-Tipp

Blasentee: Pro Tasse 2 TL zerkleinerte Wurzel mit kochendem Wasser übergießen, warm halten und nach 20–30 Minuten abseihen. 2–3 Tassen pro Tag. Nicht für Patienten, die unter Ödemen leiden!

Kleines Knabenkraut

Orchis morio (Orchideengewächse)

H 10–40 cm   April–Juni   Staude

Die Knolle dieser und anderer Arten war früher als Salep bekannt. Sie enthält Schleim und Pflanzenstärke. Der Schleim linderte die Beschwerden bei Husten, Mund- und Rachenentzündungen, Sodbrennen und Verdauungsstörungen. Kinder bekamen sie vor allem bei starkem Durchfall. In der Volksheilkunde galt die Knolle als Aphrodisiakum – sie gleicht einem Hodensack.

Vorkommen *Nährstoffarme, trockene Rasen und Wiesen. Süd- bis Mitteleuropa, Nordafrika, Westasien.*

> ***Pflanze geschützt***
> ***obere Blätter scheidenartig***
> ***obere Blütenblätter grün gestreift***

Diptam-Dost, Kretischer Diptam

Origanum dictamnus (Lippenblütengewächse)

H 10–20 cm   Juni–Sept.   Strauch

Die Pflanze kommt wild nur auf Kreta vor und galt dort in der Volksheilkunde als Allheilmittel. Das ätherische Öl enthält die giftige Komponente Pulegon. Der Tee aus den getrockneten Blättern wird bei Magen- und Darmbeschwerden, bei Uteruserkrankungen, Menstruationsbeschwerden und Entzündungen im Mund- und Rachenraum getrunken oder gegurgelt. Heute gibt es bessere Alternativen.

Vorkommen *Endemisch auf Kreta, Felsspalten, Fels- und Schotterfluren.*

> ***aromatisch duftend***
> ***als Teepflanze in England angebaut***
> ***Tragblätter der Blüte schuppenartig deckend***

Majoran

Origanum majorana (Lippenblütengewächse)

H 20–60 cm   Juli–Sept.   ein- bis zweijährig

Vorkommen *Heimat Nordafrika und Südwestasien, vielfach als Gewürz angepflanzt.*

> ***vorwiegend als Gewürz verwendet***
>
> ***Blätter beim Zerreiben aromatisch duftend***

In der Antike diente dieses der Aphrodite geweihte Kraut als Aphrodisiakum. Damals setzte man es dem Wein zu – heute würzt man damit vor allem Wurstwaren. Als Heilpflanze hat es vor allem appetitanregende, verdauungsfördernde und blähungstreibende Wirkung. Während seine Verwendung als Gewürz völlig ungefährlich ist, haben sich Zweifel an seiner Wirksamkeit als Heilpflanze ergeben. Auch von einer lange empfohlenen, majoranhaltigen Schnupfensalbe für Kinder wird heute abgeraten.

Gesundheits-Tipp

Majoranbad bei Erkältung und Bronchitis: Geben Sie 6 Tropfen käuflichen Majoranöls ins einlaufende Badewasser und atmen Sie die Dämpfe ein. Eine bessere Durchmischung ergibt sich, wenn Sie das Öl in Sahne lösen und dann ins Wasser geben.

Gewöhnlicher Dost

Origanum vulgare ssp. *vulgaris* (Lippenblütengewächse)
H 20–60 cm Juli–Sept. Staude

In seiner Würzkraft und dem Aroma ähnelt der heimische Dost dem Oregano. In seinem Kraut sind ätherisches Öl in unterschiedlicher Zusammensetzung, Gerbstoffe und Flavonoide enthalten. In der Volksheilkunde wurden daher die getrockneten, oberirdischen Teile bei Verdauungsstörungen, Erkrankungen der Atemwege, zum Gurgeln und als Appetitanreger verordnet.

Vorkommen *Trocken- und Halbtrockenrasen. An sonnigen Standorten. Europa, Asien.*

> ***rot überlaufener Stängel***
> ***Blätter gegenständig, drüsig punktiert***

Sommer-Bohnenkraut

Satureja hortensis (Lippenblütengewächse)
H 10–25 cm Juli–Okt. einjährig

Auch wenn wir das Bohnenkraut heute vor allem als Gewürz kennen, geht der wissenschaftliche Name auf lateinisch saturare = „sättigen" zurück, denn die antiken Römer nutzten das Kraut als Gemüse. Seit dem 9. Jahrhundert wird es nördlich der Alpen in den Klöstern kultiviert. Bohnenkraut fördert die Verdauung und regt den Appetit an.

Vorkommen *Heimat östliches Mittelmeergebiet, in Mitteleuropa vor allem als Gewürzpflanze kultiviert.*

> ***Pflanze buschig verzweigt***
> ***aromatisch duftend***
> ***Blätter kurz gestielt***

Winter-Bohnenkraut

Satureja montana ssp. *montana* (Lippenblütengewächse)
H 10–40 cm   Juli–Okt   Staude

Vorkommen *Felsfluren, trockene Grasfluren. Südeuropa, in Mitteleuropa vor allem als Gewürzpflanze kultiviert.*

> ***Zwergstrauch, an der Basis verholzt***
> ***aromatisch duftend***
> ***Blätter ungestielt***

Diese mehrjährige Art enthält dieselben ätherischen Öle wie ihr einjähriger Verwandter, das Sommer-Bohnenkraut. Beide werden auch bei den gleichen Indikationen verwendet. In der Volksmedizin dient Bohnenkraut als Mittel gegen Blähungen und Durchfall und als Gurgelwasser bei Entzündungen im Rachen.

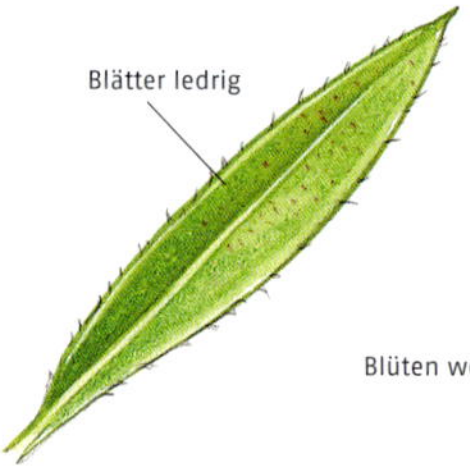

Echter Ziest

Stachys officinalis = (Betonica officinalis) (Lippenblütengewächse)
H 30–100 cm   Juli–Aug.   Staude

Vorkommen *Heiden, moorige Wiesen, Bergwiesen. Europa, Westasien, Nordafrika.*

> ***Lippenblüten in dichter Ähre***
> ***grundständige Blätter lang gestielt, obere fast sitzend***

Das Kraut des Echten Ziests ist noch unter dem älteren Namen Betonica Herba in Gebrauch, auch wenn es nur noch selten verordnet wird. Es hilft bei Durchfall, Katarrhen der Atemwege, Asthma und äußerlich bei Wunden. Der Römer Plinius schreibt, dass Ärzte einem Kranken im Zweifelsfall immer Betonie verordnen, und der Leibarzt von Kaiser Augustus hielt die Pflanze sogar für ein Allheilmittel.

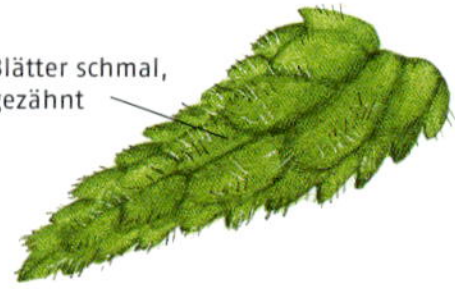

Edel-Gamander

Teucrium chamaedrys (Lippenblütengewächse)

H 15–30 cm   Juli–Aug.   Zwergstrauch

Das getrocknete, blühende Kraut enthält unter anderem ätherische Öle und Glykoside. Es diente in der Volksheilkunde lange Zeit als appetitanregendes und verdauungförderndes Mittel, linderte Magen- und Darmbeschwerden und sollte gegen Gicht helfen. Schulmediziner raten inzwischen vom Gebrauch des Krautes ab, da es Leberschäden hervorruft.

Vorkommen *Trockenrasen, Hänge, auf nährstoffarmen, kalkhaltigen Böden. Mittel- und Südeuropa, Nordwestafrika, Südwestasien.*

- > ***Pflanze riecht beim Zerreiben aromatisch***
- > ***Ausläufer bildend***

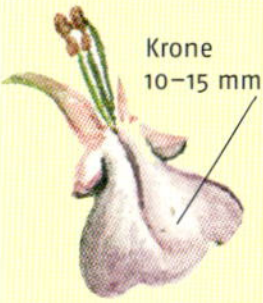

Amberkraut

Teucrium marum (Lippenblütengewächse)

H 20–50 cm   April–Aug.   Strauch

Die ätherischen Öle dieses Mittelmeergewächses sind anders zusammengesetzt als beim Edel-Gamander. Das Kraut wurde in der Volksheilkunde bei Bronchialerkrankungen, als krampflösendes Mittel, bei Magen-, Darm- und Gallenbeschwerden verordnet. Heute taucht es noch in der homöopathischen Praxis auf, vor allem bei Entzündungen der oberen und unteren Atemwege.

Vorkommen *Inseln im westlichen Mittelmeer, immergrüne Macchien.*

- > ***Strauch intensiv duftend***
- > ***Blätter unterseits graufilzig***
- > ***Blütenstand ährenartig***

Arznei-Thymian, Feld-Thymian

Thymus pulegioides ssp. *pulegioides* (Lippenblütengewächse)
H 5–40 cm   Juni–Okt.   Halbstrauch

***Vorkommen** Nährstoffarme, trockene Wiesen und Weiden, Kiefernwälder. Auf kalkarmen Böden. Europa.*

> ***Pflanze am Grunde verholzend***
> ***Stängel 4-kantig, kriechend bis aufsteigend***

Die krautigen Teile werden zur Blütezeit gesammelt. Der Feldthymian enthält weniger ätherisches Öl als der Echte Thymian, wurde aber in der Volksheilkunde häufig benutzt. Die größte Bedeutung hatte er als Hustenmittel. Er regt als Gewürz den Appetit an und hilft bei Magen- und Darmstörungen, denn die Blätter enthalten Gerbstoffe. Im Mittelalter galt er als „Frauenkraut“; er sollte schmerzhafte Monatsblutungen lindern, das sexuelle Empfinden steigern und die Empfängnisbereitschaft verbessern.

Gesundheits-Tipp

Ein alkoholischer Auszug zum Einreiben soll bei Muskelschmerzen, Rheuma und Arthritis helfen: Übergießen Sie 20 g des Krautes mit 1/4 l 70%igem Alkohol (Apotheke) und lassen sie den Ansatz 10 Tage lang stehen.

Echter Thymian

Thymus vulgaris (Lippenblütengewächse)

H 10–30 cm   April–Juli   Strauch

Thymian ist in frischer und getrockneter Form ein beliebtes mediterranes Gewürz, das wegen seiner verdauungsfördernden Eigenschaften auch fetthaltigen Speisen zugesetzt wird. Das ätherische Öl in den Blättern enthält Thymol und bestimmt den typischen Duft des Krautes. Thymian ist schon dem Griechen Hippokrates als Heilpflanze bekannt und wird in Kräuterbüchern des 16. Jahrhunderts aufgeführt. Das Kraut hilft bei Husten, Verdauungsstörungen und ist in Mundwässern enthalten. Nicht über längere Zeit und in hohen Dosen verwenden!

***Vorkommen** Heimat westliches Mittelmeergebiet, in Mitteleuropa als Heil- und Gewürzpflanze kultiviert.*

> ***Zwergstrauch, an der Basis verholzt***

> ***Blätter ungestielt, aromatisch duftend***

63

Gesundheits-Tipp

Thymianbad bei drohender Erkältung: 100 g getrocknetes Kraut mit 1 l kochendem Wasser übergießen; 10–15 Minuten ziehen lassen und durch ein Sieb ins warme Badewasser gießen. 10–15 Minuten baden und die Dämpfe einatmen; danach Ruhe.

Hasenklee

Trifolium arvense (Hülsenfrüchtler)

H 10–30 cm Juni–Sept. einjährig

Vorkommen *Magerrasen, Sandflächen, Äcker, Wegränder. Europa, Nordafrika, Westasien.*

> ***Blüten erst weiß, dann rosa***
> ***Kelch behaart***
> ***Blätter 3-zählig, Fiedern schmal oval***

Kelch länger als die Krone

Als Heilpflanze wird der Hasen- oder Mäuseklee selten genutzt. Das blühende Kraut enthält Gerbstoffe, ätherisches Öl und Harze. In der Volksheilkunde wird es als Gichtmittel, vor allem jedoch bei starken Durchfällen empfohlen. Wegen dieser Wirkung kam es in der Nachkriegszeit zum Einsatz. Für homöopathische Präparate wird das im Sommer gesammelte Kraut aufbereitet.

Rotklee

Trifolium pratense ssp. pratense (Hülsenfrüchtler)

H 15–40 cm Juni–Sept. Staude

Vorkommen *Wiesen, Weiden. Auf nährstoffreichen Böden. Europa, Asien.*

> ***Wurzeln bis 2 m tief, Wurzelknöllchen***
> ***Blütenköpfchen kugelig bis eiförmig***

Einzelblüte 12–18 mm lang

In der Volksheilkunde wurden die getrockneten Blütenköpfchen genutzt, um chronische Hautkrankheiten wie Ekzeme und Schuppenflechte, Keuchhusten und Geschwüre zu heilen. Die Blüten enthalten aromatische Verbindungen und Pflanzensäuren. Die weiße Zeichnung auf den Blättchen erinnert an eine Augenveränderung, daher galt Rotklee nach der Signaturenlehre als Heilmittel bei Grauem Star.

Große Kapuzinerkresse

Tropaeolum majus (Kapuzinerkressengewächse)

Kletternd oder kriechend   Juni–Okt.   einjährig

Die Heimat der Kapuzinerkresse sind die Anden. Dort wurde das frische Kraut genutzt, um Wunden zu desinfizieren und deren Heilung zu unterstützen. Bei verschleimten Atemwegen erleichtert es das Aushusten des Schleims. Die Blätter enthalten Senfölglykoside, aus denen durch Spaltung das antibiotisch wirkende Benzylsenföl freigesetzt wird. Die Substanz hemmt die Vermehrung von Bakterien und das Wachstum von Pilzen. Aus diesem Grund wird Kapuzinerkresse bei Katarrhen der oberen Atemwege und Entzündungen der Harnwege verordnet. Nicht bei Magen-Darm-Geschwüren, Nierenkrankheiten und für Kleinkinder.

***Vorkommen** Heimat nördliches Südamerika, häufig als Zierpflanze kultiviert.*

> ***klettert mit Blatt- und Blütenstielen***
> ***Blätter und Blüten essbar***
> ***1684 nach Europa eingeführt***

Gesundheits-Tipp

Da die Blätter etwa 300 mg Ascorbinsäure (Vitamin C) pro 100 g Frischgewicht enthalten, eignen sie sich fein geschnitten als Beigabe zu Wildkräutersalaten. Die essbaren Blüten geben eine attraktive Dekoration ab.

Knoblauchsrauke

Alliaria petiolata (Kreuzblütengewächse)

H 20–100 cm   April–Juni   einjährig

Vorkommen *Unkrautflächen, Waldränder, Hecken, Gärten, Parks. Auf nährstoffreichen Böden. Europa, Nordwestafrika, Südwestasien.*

> ***Blätter riechen beim Zerreiben nach Knoblauch***
> ***untere Blätter nierenförmig***

Die Knoblauchsrauke – verwendet wird das frische Kraut – nimmt eine Zwischenstellung zwischen Heil- und Gewürzkraut ein. Die Schulmedizin berücksichtigt sie gar nicht. In der Volksheilkunde macht man sich die leicht antibiotische Wirkung der Senfölglykoside zunutze: Die Pflanze wird bei schlecht heilenden Wunden aufgelegt und bei Entzündungen im Mund zu Gurgelwasser verarbeitet. Da sie relativ viel Provitamin A und Vitamin C enthält, passt sie zu Wildkräutersalaten.

Gesundheits-Tipp

Die frischen Blätter der Knoblauchsrauke können vom Frühling bis in den Herbst gesammelt werden und passen klein geschnitten in grüne und bunte Salate: Sie geben ihnen einen leichten Knoblauchgeschmack, ohne dass der Duft dem Esser anhaftet!

Gewöhnlicher Meerrettich

Armoracia rusticana (Kreuzblütengewächse)

H 60–120 cm   Mai–Juli   Staude

Der scharfe Geschmack der Meerrettichwurzel geht auf Senföle zurück. Meerrettich ist harntreibend, fördert die Verdauung und die Durchblutung. Man verwendet die Wurzel in Medikamenten gegen Grippe und bei Infekten der Harnwege. In der Volksheilkunde gibt es viele äußerliche Anwendungen: Rheuma, Wunden, Insektenstiche, Kopfschmerzen.
Nicht verwenden bei Magen- und Darmgeschwüren, Nierenleiden.

***Vorkommen** Ödland, Unkrautbestände, Gräben, Gärten. Auf nährstoffreichen Böden aus Kultur verwildert.*

- ***Schötchen fast kugelig***
- ***Grundblätter bis 1 m lang***
- ***reichblütige Trauben***

Gewöhnliches Hirtentäschel

Capsella bursa-pastoris (Kreuzblütengewächse)

H 10–70 cm   Jan.–Dez.   ein- bis zweijährig

Das unscheinbare Kraut verrät sich, sobald die Früchte erscheinen. Die grünen Teile enthalten Flavonoide, verschiedene Pflanzensäuren und Salze sowie ein blutstillendes Peptid. Diese Wirkung wurde früh erkannt und Hirtentäschel diente als Heilmittel bei oberflächlichen Wunden, Nasenbluten und Gebärmutterblutungen. In der Volksheilkunde wird es für blutreinigende Tees verwendet.

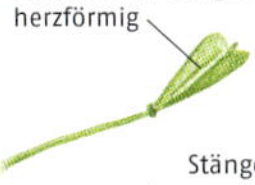

***Vorkommen** Ödland, Unkrautbestände, Gärten, Feldraine. Auf nährstoffreichen Böden. Fast weltweit.*

- ***Stickstoffzeiger***
- ***Pionierpflanze***
- ***bis 40 000 Samen pro Pflanze***

Wiesenschaumkraut

Cardamine pratensis (Kreuzblütengewächse)
H 10–60 cm April–Juni Staude

Vorkommen *Feuchte Wiesen und Mähwiesen, Auwälder, Ufer, Moorwiesen. Nordhalbkugel.*

- ***schaumige Anhängsel als Kinderstube der Schaumzikade***
- ***Blüten weiß, rosa oder violett***

Der Schaum, dem das Kraut seinen Namen verdankt, stammt von einer Zikade. Sie ermöglicht darin ihren Larven eine sichere Entwicklung. In der Homöopathie dient die Pflanze dazu, eine Diabetes-Therapie zu unterstützen. In der Volksheilkunde war der relativ hohe Vitamin C Gehalt der Blätter von Bedeutung. Sie wurden Salaten beigegeben und dienten als Blutreinigungsmittel.

Echtes Löffelkraut

Cochlearia officinalis (Kreuzblütengewächse)
H 20–50 cm Mai–Juni zweijährig bis Staude

Vorkommen *Salzrasen an den Küsten von Nord- und Ostsee, aus Kultur verwildert.*

- ***Blätter wintergrün***
- ***Stängel kantig gefurcht***
- ***Grundblätter fleischig***

Wegen des hohen Vitamin C Gehaltes war das Kraut bei Seeleuten beliebt, denn es war ein gutes Mittel gegen Skorbut („Skorbutkraut"). In der Volksheilkunde galt es als verdauungsfördernd und harntreibend, es wurde bei mangelndem Appetit, Gicht, Rheuma und Magenbeschwerden genommen. Außerdem legte man die zerquetschten Blätter auf Geschwüre auf.

Gewöhnliches Pfaffenhütchen

Euonymus europaeus var. *europaeus* (Spindelbaumgewächse)

H 1,50–3 m   Mai–Juni   Strauch   ☠

Die auffallenden Früchte enthalten herzwirksame Glykoside, Alkaloide, Bitterstoffe, Gerbstoffe und Lektine. In der Medizin setzt man die Früchte wegen ihrer Giftigkeit nicht mehr ein, allerdings werden homöopathische Mittel aus ihr hergestellt. Früher nutzte man sie bei Herzbeschwerden, doch wichtiger war ihre Verwendung gegen Ungeziefer wie Läuse und Krätzmilben.

***Vorkommen** Waldränder, Hecken, Auwälder, Bachufer. Auf nährstoffreichen Böden. Europa, Kleinasien.*

> **junge Zweige grün, 4-kantig, schmal geflügelt**
>
> **Blätter gegenständig**

Blumen-Esche

Fraxinus ornus (Ölbaumgewächse)

H 6–15 m   April–Mai   Baum

Mit dem Manna der Bibel hat das Manna der Blumenesche nur den Namen gemeinsam. Der getrocknete Rindensaft war bereits im Mittelalter begehrt, denn es ist überliefert, dass Venedig seit dem 9. Jahrhundert Manna aus Sizilien bezog. Dessen Hauptkomponente ist das Mannitol, ein Zuckeralkohol, der als mildes Abführmittel und Zuckerersatz für Diabetiker verwendet wird.

***Vorkommen** Laubmischwälder in Südeuropa und Kleinasien.*

> **kultiviert auf Sizilien**
>
> **sommergrün**
>
> **Früchte zungenförmig, hängend**

Waldmeister

Galium odoratum (Rötegewächse)

H 15–30 cm   Mai–Juni   Staude

Vorkommen *Krautiger Unterwuchs von Laub- und Mischwäldern auf humusreichen Lockerböden. Europa, Asien.*

> ***typischer Duft entsteht erst beim Trocknen***
> ***Bowlenzusatz, erzeugt Kopfschmerz bei reichlichem Genuss***

70

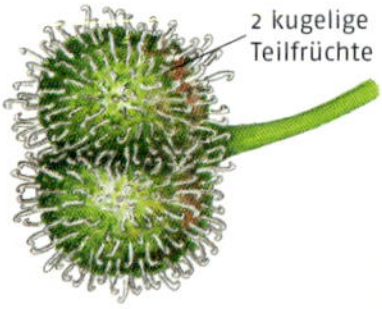

In einem irischen Kräuterbuch aus dem 18. Jahrhundert wird der Waldmeister zur Wundheilung, gegen Furunkel und Geschwüre empfohlen. Das kurz vor der Blüte gesammelte Kraut enthält eine Substanz, die sich beim Trocknen in das charakteristisch duftende Cumarin (Waldmeisteraroma) verwandelt. Das Kraut wird von der Schulmedizin bei Venenerkrankungen eingesetzt. In der Volksheilkunde sind die Anwendungen breiter: Unruhezustände, Schlaflosigkeit, Herzbeschwerden, Hämorrhoiden.
Nicht gemeinsam verwenden mit Kreislaufmedikamenten und in der Schwangerschaft.

Gesundheits-Tipp

Schlaftrunk: Pro Tasse 1 TL Kraut mit kochendem Wasser übergießen und nach 5 Minuten abseihen; mit Honig süßen und sofort trinken. Waldmeister sollte nicht in großen Mengen eingenommen werden.

Kletten-Labkraut

Galium aparine (Rötegewächse)

H 60–200 cm Juni–Okt. einjährig

In Siedlungen der Jungsteinzeit fand man große Mengen der Früchte; vermutlich sammelten die Bewohner Labkraut, um damit die Milch für die Käseherstellung zur Gerinnung zu bringen. In der Volksheilkunde nahm man Labkraut als Mittel gegen Hautleiden, bei inneren und äußeren Geschwüren, außerdem als harntreibendes Mittel und bei Blasenerkrankungen ein.

Vorkommen *Unkrautbestände, Waldränder, Hecken, Ödland. Auf nährstoffreichen Böden. Fast weltweit.*

> ***klettert mit rauen, haftenden Borsten***
> ***Stängel schlaff***
> ***Lehmzeiger***

Gewöhnliche Schleifenblume

Iberis amara (Kreuzblütengewächse)

H 10–40 cm Mai–Aug. ein- bis zweijährig ☠

Das Kraut der blühenden Pflanze soll die Sekretion von Magensaft und Galle anregen. Es hat auch antibiotische Eigenschaften, ist allerdings wegen seines Gehaltes an bitteren Cucurbitacinen schwach giftig. In der Homöopathie greift man bei Herzrhythmusstörungen und Herzschwäche auf die Samen zurück. Die Schleifenblume war bereits im Altertum bekannt.

Vorkommen *Feldraine, Getreidefelder, Weinberge. Westeuropa, Südeuropa, in Mitteleuropa selten. Zierpflanze.*

> ***Pflanze schwach behaart***
> ***Blätter länglich-keilförmig, gezähnt***

Gewöhnliche Stechpalme

Ilex aquifolium (Stechpalmengewächse)

H 1–6 m Mai–Juni Strauch ☠

Vorkommen *Wälder. Auf sandigen oder steinigen Böden. West-, Süd-, Mitteleuropa, Nordwestafrika.*

> ***Ostgrenze der Verbreitung verläuft durch Deutschland***
>
> ***männliche und weibliche Blüten auf getrennten Pflanzen***

Nicht die giftigen Beeren erregten das Interesse der Heilkundigen, sondern die Blätter. In homöopathischer Verdünnung werden sie bei grippalen Infekten, Bindehaut- und anderen Augenentzündungen verordnet. In der Volksheilkunde dienten sie dazu, Fieber zu senken sowie Rheuma und Bronchitis zu behandeln. Als Holly in der Bachblütentherapie gegen Gereiztheit und Aggressionen.

Brunnenkresse

Nasturtium officinale (Kreuzblütengewächse)

H 20–80 cm Mai–Okt. Staude

Vorkommen *Bäche, Quellen, Gräben. Nur in sauberem Wasser. Fast weltweit.*

> ***auch ganz untergetauchte Formen***
>
> ***teilweise wintergrün***
>
> ***schon im Mittelalter als Wintergemüse bekannt***

Die Blätter dieses Krautes enthalten Senföle, Vitamin C und Mineralien. Frisch zu einem Salat oder als Frühjahrskur gegessen, sind sie in der Volksheilkunde sehr beliebt. Früher wurden diese auch gegen Skorbut verwendet. Brunnenkresse regt Appetit und Verdauung an, ist harntreibend und antibiotisch. Das Kraut wird in den mittelalterlichen Kräuterbüchern regelmäßig erwähnt.

Ölbaum

Olea europaea ssp. *europaea* (Ölbaumgewächse)

H 6–15 m Mai–Juni Baum

Der Ölbaum wird schon in der Bibel erwähnt. Im Mittelmeerraum sind Blatttees bekannt, meist aber wird das Öl genutzt: als Gleitmittel, bei Verstopfung und mit Knoblauch vermischt bei Gelenk- und Muskelschmerzen. Der Medizin dient es als Träger fettlöslicher Arzneistoffe und bei Hautleiden. In erster Linie ist Olivenöl jedoch ein wertvolles Nahruangsmittel mit hohem Anteil an einfach und mehrfach ungesättigten Fettsäuren. In der Bachblütentherapie als Olive gegen Erschöpfung.

Vorkommen *Immergrüne Macchien, vor allem aber in Kulturen. Mittelmeergebiet.*

> ***uralte Kulturpflanze***
> ***immergrün***
> ***sehr gesundes Speiseöl***

Gesundheits-Tipp

Oliven-Vinaigrette: Rühren Sie zwei sehr fein geschnittene Schalotten, Knoblauchzehen nach Belieben und Senf in Essig ein, würzen mit etwas Salz und schwarzem Pfeffer. Kurz ziehen lassen und dann 50 ml gutes, kalt gepresstes Olivenöl („extra vergine") dazu.

Rettich

Raphanus sativus (Kreuzblütengewächse)
H 30–80 cm Mai–Okt. ein- bis zweijährig

Vorkommen *Weltweit in verschiedenen Kulturformen angebaut.*

> - ***Pflanze rau behaart***
> - ***Wurzelrübe je nach Sorte sehr unterschiedlich***
> - ***bis 9 cm lange Schoten***

Die frische Wurzel des Rettichs enthält scharf schmeckende Senfölglykoside und viel Vitamin C. Der Wurzelsaft regt die Produktion von Magen- und Gallensaft an, er beugt der Bildung von Gallensteinen vor. In der Volksheilkunde ist süßer Rettichsaft ein beliebtes Mittel gegen Husten. Für homöopathische Zubereitungen bei fettiger Haut und Erkrankungen des Magen- und Darmtraktes wird Schwarzer Rettich benutzt. Nicht verwenden bei Gallensteinen, Magenschleimhautentzündung.

Gesundheits-Tipp

Hustensaft aus Rettich: Ein großer Rettich wird zerrieben mit 3–4 EL Honig vermischt. Abgedeckt etwa 10 Stunden lang stehen lassen und auspressen. Der Saft wird löffelweise eingenommen.

Gewöhnlicher Giersch

Aegopodium podagraria (Doldengewächse)

H 50–90 cm   Juni–Juli   Staude

Gärtner kennen den Giersch als lästiges Unkraut, doch in der Volksheilkunde wurde er sehr geschätzt. Schon alte Kräuterbücher nennen ihn als Heilmittel gegen die verbreitete Gicht in der großen Zehe (Podagra). Mit dem harntreibenden Tee heilte man Rheuma und Entzündungen, er hilft bei Durchfall und bei Hämorrhoiden (Bäder). Frisch zerquetschte Blätter auf Mückenstichen und Hautverletzungen wirken lindernd. Rheuma und Gicht sind auch die Indikationen in der Homöopathie.

Vorkommen *Feuchte Wälder, Gärten, Parks, Ufer. Auf nährstoffreichen Böden. Europa, Westasien.*

- ***breitet sich massenhaft aus***
- ***Stängel hohl, gefurcht***
- ***junge Triebe als Salat***

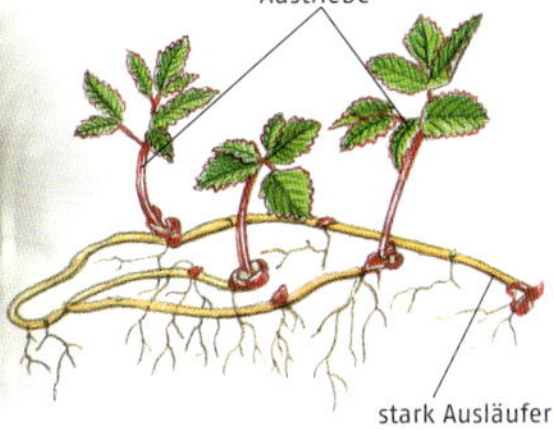

Gesundheits-Tipp

Gierschtee gegen Rheuma und Ischias: Pro Tasse etwa 2 TL frischer, junger Blätter mit kochendem Wasser übergießen und 10 Minuten ziehen lassen, abseihen und 1 Tasse pro Tag trinken.

Bischofskraut

Ammi majus (Doldengewächse)
H 30–100 cm Juni–Sept. einjährig

Vorkommen *Ödland, Brachland, Wegränder. Mittelmeergebiet, Südwestasien, in Mitteleuropa nur verwildert.*

> ***Dolden mit bis zu 60 Strahlen***
> ***Pflanze kahl***

Verwendet werden die Früchte, die in der Volksheilkunde Mitteleuropas allerdings keine Rolle spielen. In der Schulmedizin wird die Droge oder das isolierte Cumarinderivat Methoxsalen verwendet, um Hauterkrankungen wie die Schuppenflechte und Pigmentstörungen zu heilen. Methoxalen kann durch eine Bestrahlung mit ultraviolettem Licht (UV-A) aktiviert werden.

Zahnstocher-Ammei

Ammi visnaga (Doldengewächse)
H 20–100 cm April–Aug. einjährig

Vorkommen *Feuchte Unkrautfluren, Weiden. Südwestasien, südliches Mittelmeergebiet.*

> ***Doldenstrahlen werden als Zahnstocher benutzt***
> ***alle Blätter 3fach gefiedert, Fiedern sehr schmal***

Vermutlich kannten bereits die alten Ägypter die krampflösende Wirkung der Früchte: Das Khellin entspannt die Muskulatur von Bronchien, Magen, Darm, Gallen- und Harnwegen. Visnadin erweitert gezielt die Herzkranzgefäße, ohne die peripheren Gefäße zu beeinflussen. Das Kraut wurde früher gegen Angina pectoris eingesetzt; heute wegen seiner Nebenwirkungen kaum noch verwendet.

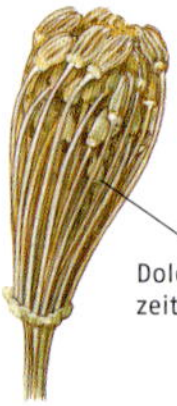

Echter Gartenkerbel

Anthriscus cerefolium ssp. cerefolium (Doldengewächse)

H 30–70 cm   Mai–Aug.   einjährig

Das frische Kraut enthält Flavonoide und ätherisches Öl (Estragol). Es wurde als Suppe, roh oder in Form von ausgepresstem Saft als Frühjahrskur eingenommen. Kerbel hat die Verdauung fördernde und harntreibende Wirkung. Außerdem trug man den Saft auf Ekzeme und Wunden auf. Den Ägyptern war Kerbel so kostbar, dass Tutanchamun ein Körbchen mit Samen als Grabbeigabe bekam.

Vorkommen *Heimat Südosteuropa, Asien, aber schon seit dem 16. Jahrhundert in Mittel- und Westeuropa kultiviert.*

> ***Blätter auch als Gewürz verwendet***
> ***Pflanze behaart, etwas nach Anis duftend***

Echter Sellerie

Apium graveolens (Doldengewächse)

H 30–100 cm   April–Okt.   zweijährig

In der Küche werden Knolle und Blattstiele verarbeitet, die stärkste Heilkraft sitzt aber in den Samen: Sie enthalten ein komplexes ätherisches Öl. Der Tee ist wassertreibend, fördert Appetit und Verdauung – allerdings nicht den Sexualtrieb, wie früher angenommen. Mit Zucker zu Sirup eingekochter Knollensaft diente als Hustenmittel. Nicht verwenden bei Nierenentzündung.

Vorkommen *Feuchtwiesen in Küstennähe, aber weithin kultiviert.*

> ***bevorzugt salzhaltige Böden***
> ***mehrere Gemüseformen***
> ***Pflanze duftet intensiv***

Echte Bärentraube

Arctostaphylos uva-ursi (Heidekrautgewächse)

H 20–60 cm März–Juli Strauch ☠

Vorkommen *Lichte Kiefernwälder, Zwergstrauchheiden. Auf trockenen Böden. Europa, Asien, Nordamerika.*

> ***immergrün***
> ***kriechender Zwergstrauch. Zweige bis 150 cm lang***

Englische Kräuterbücher berichten bereits im 13. Jahrhundert über die Bärentraube, in Mitteleuropa setzte sie sich erst später als Heilpflanze durch. Volks- wie Schulmedizin verordnen den Blatttee bei Entzündungen der ableitenden Harnwege. Obwohl die Inhaltsstoffe gut untersucht sind, ist der Wirkmechanismus noch nicht völlig aufgeklärt. Eine weitere Anwendung dürfte auf dem Gerbstoffgehalt beruhen: Bärentraube hilft bei Durchfall. Nicht verwenden in der Schwangerschaft.

Kahle Apfelbeere

Aronia melanocarpa var. *melanocarpa* (Rosengewächse)

H 20–300 m Mai–Juni Strauch

Die Karriere der Apfelbeere als Heilkraut begann erst in jüngerer Zeit. Das rote Fruchtfleisch zeichnet sich durch einen hohen Phenolgehalt (Tannine), sowie Vitamin K und C aus. Phenole wirken antioxidativ und sollen Krebs und Erkrankungen der Herzkranzgefäße vorbeugen. In der russischen Heilkunde sind die Beeren als Mittel gegen Bluthochdruck und Hauterkrankungen bekannt.

***Vorkommen** Heimat Feuchtgebiete Nordamerikas, Anbau in Osteuropa und Ostdeutschland, Gartenpflanze.*

> ***sommergrün***
> ***Blätter länglich oval, zugespitzt, fein gezähnt***

Blüten 1 cm breit

Spanischer Pfeffer

Capsicum annuum (Nachtschattengewächse)

H 20–50 cm Juni–Sept. ein- bis zweijährig

weiße Blüten und Früchte gleichzeitig an der Pflanze

Frucht der Gewürzpaprika

Die Früchte des Spanischen Pfeffers enthalten neben Vitamin C verschiedene, scharf schmeckende Inhaltsstoffe. Der Presssaft ruft auf der Haut starke Rötung hervor. Pflaster, Tinkturen und Umschläge steigern die Durchblutung und verbessern dadurch die Heilung von Rheuma und Muskelverspannungen. Das pulverisierte Gewürz regt den Speichelfluss und die Verdauung an.

Frucht der Gemüsepaprika

***Vorkommen** Heimat Mittelamerika, weltweit kultiviert. Mittelmeergebiet, Ost- und Westeuropa.*

> ***in verschiedenen Sorten, auch als Gemüsepaprika***
> ***Blätter lang gestielt***
> ***Beerenfrucht, botanisch keine Schote***

Kronblätter verwachsen

Rotfrüchtige Zaunrübe

Bryonia cretica ssp. *dioica* (Kürbisgewächse)

H 2–4 m   Juni–Sept.   Staude   ☠

Vorkommen *Hecken, Gärten, Wegränder, Ödland auf nährstoffreichen Böden. Süd- und Mitteleuropa, Nordafrika.*

> ***Ranken mit Umkehrpunkt***
> ***männliche und weibliche Blüten auf getrennten Pflanzen***
> ***männliche Blüten in Trauben, weibliche zu 2–5 in Dolden***
> ***heißt auch Alraune***

80

Die Zaunrübe ist eine sehr giftige Pflanze! Im Mittelalter nahm man dieses Risiko in Kauf: Man verwendete sie, um starken Brechreiz und Durchfall zu erzeugen. Die Inhaltsstoffe der Wurzel wirken reizend auf die Schleimhäute des Verdauungstraktes, äußerlich wandte man die Wurzel bei Rheuma und Gicht an. Durch die Verdünnung besteht bei homöopathischen Präparaten keine Vergiftungsgefahr mehr. Sie werden verordnet bei Entzündungen von Atemwegen, Leber, Rippen- und Bauchfell.

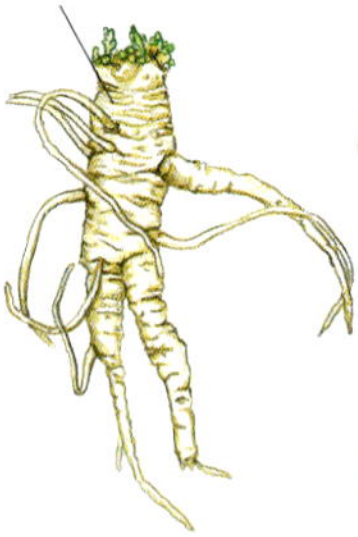

Schon gewusst?

In der Heilkunde des Mittelalters war die „Magie" eines Heilmittels mindestens ebenso wichtig wie seine pharmazeutische Wirksamkeit. Da die rübenartige Wurzel einem Menschen ähnelt – daher der Name Alraune – schätzte man sie als Heilmittel gegen viele Krankheiten.

Wiesenkümmel

Carum carvi (Doldengewächse)

H 30–80 cm Mai–Juli zweijährig

Die ätherischen Öle in den Früchten geben diesem – traditionell für Kohlgerichte beliebten – Küchengewürz den charakteristischen Geschmack. Sie sind für die verdauungsfördernde, krampflösende und blähungstreibende Wirkung verantwortlich. Kümmeltee lindert leichte Beschwerden im Magen-Darm-Bereich und soll – so die Volksheilkunde – die Muttermilch besser fließen lassen.

Vorkommen *Wiesen und Weiden, Wegränder. Auf nährstoffreichen Böden. Europa bis Asien, N-Afrika.*

> ***zerriebene Früchte riechen aromatisch***
> ***Stängel kantig, Blätter gefiedert***
> ***Döldchen unterschiedlich lang gestielt***

Doldiges Winterlieb

Chimaphila umbellata (Heidekrautgewächse)

H 10–20 cm Juni–Aug. Staude

In den grünen Teilen dieser Pflanze sind Gerbstoffe, Flavonoide und Wirkstoffe enthalten, die bei Entzündungen der ableitenden Harnwege helfen (Arbutin). Während es in Europa allenfalls in der Homöopathie verwendet wird, ist Winterlieb in Nordamerika als indianisches Heilmittel wohlbekannt. Es wird bei Nieren- und Blasenleiden, Menstruationsbeschwerden, Rheuma und Hautkrankheiten angewandt.

Vorkommen *Lichte Kiefernwälder. Mittel-, Nord- und Osteuropa bis Asien, Nordamerika.*

> ***kriechender Wurzelstock***
> ***Blätter immergrün***
> ***Blüten nickend***

Zitrone

Citrus limon (Rautengewächse)

H 5–10 m März–Sept. Baum

***Vorkommen** Heimat Nordindien, heute weltweit kultiviert. Mittelmeerraum.*

> ***immergrüner Baum***
> ***häufig Dornen in den Blattachseln***
> ***Blätter gegenständig***

Das Fruchtfleich der Zitrone enthält doppelt so viel Vitamin C wie das einer Apfelsine und ist daher eine gute Prophylaxe für Erkältungskrankheiten. In der Heilkunde dagegen nutzt man die Schale noch nicht ausgereifter Früchte. Sie enthält ätherisches Öl, bittere Flavonoide und organische Säuren. Die getrocknete Schale oder ihr Öl sind Bestandteil vieler Heil- und Früchtetees.
Die Volkskunde kennt weitere Anwendungen, die auf seiner antiseptischen Wirkung beruhen.

Kronblätter außen rosa

Blätter oval, am Grund keilförmig

Fruchtschale mit ätherischem Öl

Gesundheits-Tipp

Bei Halsschmerzen kann eine Mischung aus frischem Zitronensaft mit heißem Wasser (1 : 1) den Schmerz lindern. Gegen Erkältungen soll ein Trank aus Zitronensaft mit heißem Wasser (1 : 2), etwas zerdrücktem Knoblauch und Zimt helfen.

Bitterorange, Pomeranze

Citrus aurantium (Rautengewächse)

H 4–5 m   März–Mai   Baum

Von der Bitterorange werden fast alle Teile medizinisch genutzt: Schale, unreife Früchte, Blüten und Blätter beziehungsweise das Öl daraus. Die Blüten werden zu aromatischem Tee verarbeitet; er soll beruhigen und bei Husten helfen. Die bittere Fruchtschale regt den Appetit an und fördert die Verdauung. Die Öle werden für Kosmetik und in der Getränkeindustrie verarbeitet.

Vorkommen *Heimat Südostasien, im Mittelmeergebiet kultiviert.*

> ***kleiner Baum mit rundlicher Krone***
> ***immergrün***
> ***Dornen in den Blattachseln***

Acker-Winde

Convolvulus arvensis (Windengewächse)

H 20–80 cm   Juni–Sept.   Staude

Die Acker-Winde hat ihre besten Zeiten als abführende Heilpflanze hinter sich; heute gibt es bessere Präparate. Die Harzglykoside, Gerbstoffe und Flavonoide der Blätter reizen den Darm zu stark. In der Homöopathie verordnet man die frische, blühende Pflanze bei Rückenschmerzen. Übrigens hielt auch Hildegard von Bingen „de winde“ für „nicht sehr nutzbar“.

Vorkommen *Äcker, Gärten, Weinberge, Ödland, Wegränder. Fast weltweit verbreitet.*

> ***Pionierpflanze, Lehmzeiger***
> ***fast 2 m tiefe Wurzeln***
> ***widerstandsfähiges Unkraut***

Koriander

Coriandrum sativum (Doldengewächse)

H 20–60 cm   Juni–Juli   einjährig

__Vorkommen__ Ödland, Unkrautfluren, Äcker. Auf nährstoffreichen Böden. Heimat östliches Mittelmeergebiet, fast weltweit kultiviert.

> ***Pflanze riecht unangenehm***
> ***Fiedern der Blätter unten rundlich, oben schmal***

Frisches Koriandergrün ist in der Thai-Küche sehr beliebt. Die Früchte sind Bestandteil von Curry und Lebkuchengewürz. Sie enthalten ätherische Öle (bis zu 75 % Linalool) und andere Stoffe in wechselnden Anteilen. Koriander regt den Speichelfluss und die Bildung von Magensaft an, ist also ein die Verdauung förderndes Mittel. Er hilft bei Blähungen, Völlegefühl und leichten Krämpfen in Magen und Darm. Viele Teemischungen enthalten das getrocknete Kraut als Geschmacksgeber.

Gesundheits-Tipp

Tee gegen Blähungen und Völlegefühl: Früchte von Anis, Fenchel, Koriander und Kümmel (1 : 1 : 1 : 2) mischen und im Mörser zerstoßen. Davon werden 2 TL mit heißem Wasser übergossen. Nach 10 Minuten abseihen und ungesüßt trinken.

Zweigriffliger Weißdorn

Crataegus laevigata (Rosengewächse)

H 4–10 m   Mai–Juni   Strauch

Ein- und Zweigriffliger Weißdorn werden botanisch unterschieden, ihre Wirkung ist aber dieselbe: Blüten und junge Zweigspitzen enthalten Flavonoide und verschiedene Pflanzensäuren. Medikamente mit Weißdorn gleichen in ihrer Wirkung den Digitalis-Präparaten und werden wie diese nur vom Arzt verordnet. Sie beugen Herzrhythmusstörungen vor und helfen bei im Alter nachlassender Leistungsfähigkeit des Herzens. In der Volkmedizin werden die Früchte bei Durchfall als Mus eingenommen.

Vorkommen *Waldränder, Hecken, Parkanlagen. Fast ganz Europa, Nordafrika, Südwestasien.*

> ***Zweige mit Dornen***
> ***Blätter wechselständig mit stumpfen Lappen***
> ***Blätter des Eingriffligen Weißdorns bis über die Mitte eingeschnitten***

Gesundheits-Tipp

Wenn der Arzt nichts anderes empfiehlt, dient Weißdorntee als vorbeugende Kur zur Stärkung des Herzens: Pro Tasse 1 TL Blüten mit heißem Wasser übergießen. Nach 20 Minuten abseihen und 3–4mal täglich eine Tasse trinken.

Kreuzkümmel

Cuminum cyminum (Doldengewächse)
H 20–30 cm   Juni–Juli   einjährig

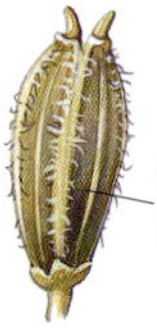

Vorkommen *Heimat Nordafrika (Ägypten) und Südwestasien, kultiviert vor allem in Spanien, Frankreich, Sizilien.*

- ***Heilpflanze im Ägypten der Pharaonen***
- ***Gewürz ähnlich dem Kümmel verwendet***
- ***Blätter schmal gefiedert***

Kreuzkümmel ist eine sehr alte Heil- und Gewürzpflanze, die schon in Ägypten bei Störungen des Verdauungssystems, gegen Husten und bei Zahnschmerz empfohlen wurde. Mit ähnlicher Wirkung wurde Kreuzkümmel auch im Mittelalter verwendet. In ihren Heimatländern dienten die Früchte dazu, die Monatsblutung zu stimulieren und in hohen Konzentrationen als Abtreibungsmittel.

Echte Quitte

Cydonia oblonga (Rosengewächse)
H 4–8 m   Mai–Juni   Baum

Vorkommen *Heimat SW-Asien, fast weltweit als Obstbaum kultiviert.*

- ***Strauch oder kleiner Baum***
- ***rohe Früchte ungenießbar***

Quittenfrüchte sind in roher Form ungenießbar, eignen sich aber bestens für Gelees und Marmeladen. Der Saft wird in der Volksheilkunde zum Gurgeln oder für Spülungen des Mund-Rachenraumes bei Verletzungen und Entzündungen verwendet. Der aufgequollene Schleim der Samenschale dient als Hustenmittel und pflegt aufgesprungene und rissige Haut.

Stechapfel

Datura stramonium (Nachtschattengewächse)

H 30–120 cm Juni–Okt. einjährig ☠

Vergiftungen sind relativ selten – vielleicht, weil der Stechapfel so abschreckend aussieht. Allerdings tauchen in neuerer Zeit immer mehr Hinweise auf den Missbrauch der Alkaloiddroge auf. Die Art wurde erst im 16. Jahrhundert nach Europa eingeführt, breitete sich dann aber rasch aus. Früher nutzte man die getrockneten Blätter in der Medizin, um Asthma, krampfartigen Husten und die Parkinsonsche Krankheit zu behandeln. Bei Infektionen mit hohem Fieber, Augenentzündungen und psychischen Erkrankungen werden die frischen Pflanzen als homöopathisches Präparat eingesetzt.

***Vorkommen** Schutt, Ödland, Wegränder. Heimat Mittelamerika, Zierpflanze, in Europa selten verwildert.*

- ***Blätter bis 20 cm lang***
- ***Kelch mit langer, kantiger Röhre***
- ***Nachtfalterblume***

87

Schon gewusst?

Stechapfel taucht häufig in den Verhörprotokollen der Hexenprozesse auf. Er war Bestandteil der so genannten Hexen- oder Flugsalben, die einen rauschhaften Zustand erzeugten. Die Hexen glaubten, sich verwandeln und fliegen zu können.

Wilde Möhre

Daucus carota (Doldengewächse)

H 30–100 cm Juni–Sept. zweijährig

Vorkommen *Wiesen, Ödland, Wegränder, Bahndämme auf trockenen Böden. Heimat Asien, weltweit kultiviert und verwildert.*

> ***Gemüsemöhren blühen meist nicht***
> ***Blätter 2–3fach gefiedert, schmale Fiedern***

Dolde mit dunkler Mittelblüte

Als Heilpflanze im eigentlichen Sinn kann man die Möhre wohl nicht bezeichnen, aber sie ist wegen ihres hohen Gehaltes an Provitamin A, B- und C-Vitaminen ein sehr gesundes Nahrungsmittel. Früher bekämpfte man mit frischem Möhrensaft die Eingeweidewürmer bei Kindern und gab weich gekochte Möhren als Mittel gegen Durchfall (hoher Pektingehalt). Kräuterbücher hielten die wilde Form der Möhre für wirkungsvoller als die Gartenformen. Die Samen wurden als harntreibendes Mittel angesehen.

Dolde mit Früchten („Vogelnest")

Hüllblätter der Dolde zerteilt

Blüten 3 mm breit

verdickte Pfahlwurzel der Kulturmöhre

Gesundheits-Tipp

Saftkuren aus frisch gepressten Möhren entschlacken und versorgen den Körper mit Vitaminen. Gute Kombinationen sind Möhren/Brokkoli, Möhren/Tomaten/Gurken oder Möhren mit frischem Obst. Etwas Öl oder Sahne zugeben, sonst kann der Körper das Provitamin A nicht aufnehmen.

Rundblättriger Sonnentau

Drosera rotundifolia (Sonnentaugewächse)

H 5–20 cm Juli–Aug. Staude

Alle Sonnentauarten sind selten und geschützt. In den Blättern sind neben Flavonoiden und Pflanzensäuren die so genannten Naphthochinone (aromatische Verbindungen) enthalten. Die Droge wird von Schul-, Volks- und homöopathischer Medizin bei starkem, krampfartigem Husten verordnet. Die Volksheilkunde verwendet sie äußerlich bei Warzen, Hühneraugen und Sommersprossen.

Vorkommen *Nur in Hoch- und Niedermooren, feuchten Heiden, an Quellen. Nordeuropa, Asien, Nordamerika.*

> ***Insekten fressende Pflanze***
> ***alle Blätter grundständig***

Feld-Mannstreu

Eryngium campestre (Doldengewächse)

H 15–60 cm Juli–Sept. Staude

Wurzel und Blätter enthalten Saponine, Flavonoide und Pflanzensäuren. Da die Wirksamkeit fraglich ist, spielt der Feld-Mannstreu nur in der Volksheilkunde eine Rolle. Die Wurzel soll bei Blasen- und Nierenleiden, Steinbildungen, Husten und Bronchitis helfen, die Blätter bei Entzündungen der ableitenden Harnwege. In der mediterranen Volksheilkunde wird die verwandte Stranddistel benutzt.

Vorkommen *Wegraine, Magerrasen, Bahndämme. Vor allem Mittelmeergebiet, aber auch Mitteleuropa und SW-Asien.*

> ***Einzelblüten unscheinbar***
> ***Blätter ledrig steif***
> ***schmale, spitze Hochblätter unter den Döldchen***

Echter Buchweizen

Fagopyrum esculentum (Knöterichgewächse)

H 20–60 cm   Juli–Okt.   einjährig

***Vorkommen** Heimat Zentralasien, bei uns meist angepflanzt, selten verwildert an Wegen.*

- > ***giftig für Weidevieh***
- > ***Stängel rot gefärbt***
- > ***Blütenhülle weiß bis rosa***
- > ***feldmäßig als Stärkelieferant angebaut***

Buchweizen wurde bei den Skythen zu Beginn der Eisenzeit nachgewiesen, ist aber vermutlich weitaus älter. Im Mittelalter war er bereits weit verbreitet. Aus Buchweizenfrüchten kann man kein Brot backen, aber Mehl damit „strecken". Üblicherweise aß man sie in Form von Grütze. Medizinisch wurden die Blätter genutzt, sie enthalten Fagopyrin und das Glykosid Rutin. In der Volksheilkunde diente es als Venenmittel und zur Vorbeugung gegen Arterienverkalkung.

Gesundheits-Tipp

Buchweizentee als Prophylaxe für Arterienverkalkung: Pro Tasse 1 TL zerkleinertes Kraut 1 Minute lang aufkochen und 10 Minuten stehen lassen. Trinken sie jeden Tag 2–3 Tassen etwa einen Monat lang.

Mädesüß

Filipendula ulmaria (Rosengewächse)
H 50–150 cm   Juni–Aug.   Staude

Die angenehm süßlich duftenden Blüten enthalten ätherische Öle, Flavonoide und Gerbstoffe. Das Salicylaldehyd des Öls war Vorbild für das weltbekannte Schmerzmittel Aspirin. Der Tee aus den getrockneten Blüten ist schweißtreibend und wird bei fiebrigen Erkältungen getrunken (Schwitzkuren). Aus der Volksheilkunde ist eine Anwendung als Blasen- und Nierentee bekannt. Außerdem gilt Mädesüß als Mittel gegen Rheuma und Gicht und soll die Wundheilung unterstützen. Bei Überdosierung können Magenbeschwerden auftreten; nicht für Patienten mit Salicylat-Überempfindlichkeit.

Vorkommen *Gräben, Bäche, Ufer, Quellgebiete, Auwälder, feuchte Wiesen. Europa, Asien.*

- > ***Blütenstängel innen im Blütenstand kürzer als außen***
- > ***Blüten stark duftend***
- > ***Inhaltsstoffe wie in Aspirin***

Gesundheits-Tipp

Schweißtreibender Tee: Pro Tasse 1–2 TL getrocknete Blüten mit kochendem Wasser übergießen und 10 Minuten ziehen lassen. Abseihen und frisch trinken.

Wald-Erdbeere

Fragaria vesca var. *vesca* (Rosengewächse)

H 5–20 cm Mai–Juni Staude

Vorkommen *Lichte Wälder, Waldränder. Auf nährstoffreichen Böden. Europa, Asien.*

> ***Blütenstiele angedrückt behaart***
> ***Ausläufer mit Tochterpflanzen bildend***

So lecker die Früchte der Walderdbeere auch sein mögen, für die Heilwirkung der Pflanze sind die Blätter verantwortlich. Sie enthalten reichlich Gerbstoffe, etwas ätherisches Öl und Flavonoide. In der Schulmedizin spielen sie keine Rolle, werden aber vielen Heilteemischungen beigegeben (gelegentlich mit getrockneten Früchten). In der Volksheilkunde wurden Blätter und Wurzel bei Durchfallerkrankungen, Halsentzündungen, aber auch bei Rheuma, Gicht und Lebererkrankungen empfohlen.

92

Gesundheits-Tipp

Teemischung zum Trinken oder Gurgeln: Pro Tasse 1–2 TL Blätter mit kochendem Wasser übergießen und 15 Minuten ziehen lassen. Abseihen und sofort trinken oder zum Gurgeln verwenden.

Gewöhnlicher Faulbaum

Frangula alnus (Rhamnus frangula) (Kreuzdorngewächse)

H 1–4 m Mai–Juni Strauch oder Baum ☠

Der Faulbaum ist sehr giftig und darf nicht für eine Selbsttherapie verwendet werden. Die Volksheilkunde benutzt die Rinde seit dem Mittelalter als starkes – und gefährliches – Abführmittel, denn die Wirkstoffe verhindern die Flüssigkeitsresorption aus dem Dickdarm. Darüber hinaus nahm man sie als Schlankheitsmittel und missbrauchte sie für Abtreibungen.

Vorkommen *Moore, Auwälder, lichte Wälder und Gebüsche. Auf feuchten bis nassen Böden. Europa, Nordafrika, Asien.*

- ***sommergrün, Blätter wechselständig***
- ***Zweige ohne Dornen***
- ***trägt Blüten und Früchte gleichzeitig***

Bach-Nelkenwurz

Geum rivale (Rosengewächse)

H 30–70 cm April–Juli Staude

Die Wurzel enthält Gerbstoffe und ätherisches Öl. Sie setzt beim Trocknen Eugenol frei, das auch in Gewürznelken enthalten ist. Die Wurzel wird in der Volksheilkunde bei Durchfall, Verdauungsstörungen, Appetitlosigkeit und zum Gurgeln und Spülen bei Husten und Entzündungen im Mund- und Rachenraum genutzt. Die verwandte Echte Nelkenwurz enthält mehr Eugenol.

Vorkommen *Nasse Wiesen, Moorwiesen, Gräben, Bäche, Auwälder. Mitteleuropa, Asien, Nordamerika.*

- ***Kronblätter weiß bis rosa***
- ***Stängel aufrecht, dicht behaart***
- ***Nährstoffzeiger***

Christrose

Helleborus niger ssp. *niger* (Hahnenfußgewächse)
H 10–30 cm Dez.–April Staude ☠

***Vorkommen** Buchen- und Kiefernwälder. Auf humus-, kalk- und nährstoffreichen Böden. Süd- und Ostalpen, Apennin.*

- ***verbreitet als Zierpflanze***
- ***Blätter wintergrün***
- ***Blüten einzeln an unverzweigten Stängeln***

Da sie stark giftig ist, spielt die Wurzel nur noch in der Homöopathie eine Rolle bei Durchfall, Nierenentzündung und Depression. Dabei galt sie schon in der Antike als wirkungsvoll und auch Hildegard von Bingen empfiehlt sie gegen „todbringende Säfte" und „Quartanfieber". In der Volksheilkunde nutzte man die Wurzel gegen Verstopfung und als Mittel gegen Eingeweidewürmer. In der Medizin wurde die Wurzel bei Erkrankungen des Herzens und arteriellen Systems eingesetzt.

Schon gewusst?

In Kräuterbüchern wird Christrose als Mittel gegen Geisteskrankheiten genannt. Plinius berichtet, dass sie „schwarze Galle", den Grund für Verrücktheit, abführe. Einer Legende nach wurde die Tochter des kretischen Königs Proitos von Argos durch die Wurzel geheilt.

Schwarzes Bilsenkraut

Hyoscyamus niger (Nachtschattengewächse)

H 20–80 cm Juni–Okt. ein- bis zweijährig ☠

Wie die Tollkirsche war auch das giftige Bilsenkraut Bestandteil der so genannten Flugsalbe. Da die meisten Hexen und Hexer offenbar gute BotanikerInnen waren, nutzten sie die halluzinogene Wirkung des Krautes auch für Liebestränke. Die Volksheilkunde kennt Zubereitungen mit Bilsenkraut als Schmerzmittel, bei Keuchhusten, Geschwüren und Unterleibsentzündungen. In der Schulmedizin wird das Schwarze Bilsenkraut in Form von standardisierten Präparaten als krampflösendes Mittel verordnet.

Vorkommen *Ödland, Schuttplätze. Auf nährstoffreichen Böden. Europa, Asien, Nordafrika.*

- ***alte Hexenpflanze***
- ***Pflanze zottig behaart***
- ***Blüten nach einer Seite gerichtet***

95

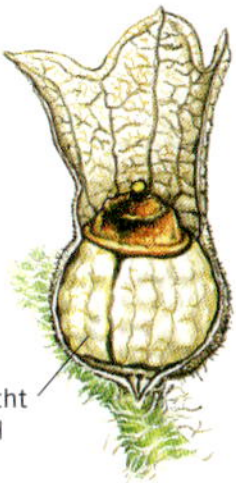

Schon gewusst?

Wie giftig das Kraut ist, wusste nicht nur Shakespeare, der Hamlets Vater an Bilsenkraut sterben ließ. Viel verwerflicher war die Praxis mittelalterlicher Bierbrauer, die ihr Bier mit etwas Bilsenkraut berauschender machten.

Chinesischer Teejasmin

Jasminum grandiflorum (Ölbaumgewächse)

H 4–6 m Juni–Sept Strauch

Vorkommen *Heimat Himalaja, Nordindien, Pakistan; in Marokko, Spanien und Frankreich angebaut.*

> ***Kletterpflanze***
> ***auch als Zierpflanze und für die Parfümindustrie***

Das aus den Knospen isolierte duftende, ätherische Öl wird vorrangig in der Parfümindustrie verarbeitet: 8 Millionen Blüten liefern 1 l Öl! In seiner Heimat stellt man aus den Blüten einen beruhigenden Tee her und pflegt trockene Haut mit seinem Öl. In Europa ist das Öl im Wellness-Bereich beliebt, denn es soll die Psyche stärken, Blockaden lösen und antidepressiv wirken.

Sumpfporst

Ledum palustre (Heidekrautgewächse)

H 60–150 cm Mai–Juli Strauch ☠

Vorkommen *Hochmoore, Moorwälder. Auf sauren, kalkarmen Böden. Nordeuropa, Asien, Nordamerika.*

> ***immergrün***
> ***Blätter wechselständig***
> ***Strauch stark duftend***

Das getrocknete Kraut enthält bitter schmeckende Glykoside und Alkaloide, die den Strauch zur Giftpflanze machen. Während Sumpfporst heute fast nur noch in der Homöopathie verwendet wird, galt er früher als Mittel gegen Atemwegserkrankungen, als Betäubungsmittel und wurde für Abtreibungen missbraucht. Bekannt ist auch, dass Bierbrauer ihn als Rauschmittel zusetzten.

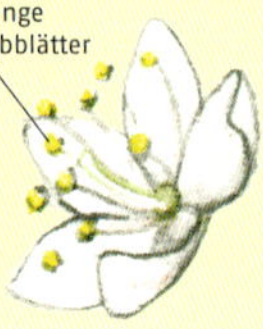

Kultur-Apfel

Malus domestica (Rosengewächse)
H bis 10 m   Mai   Baum

In England sagt man treffend: „Ein Apfel am Tag spart den Doktor". Frisch geriebener Apfel ist ein sanftes Mittel gegen Durchfall, der hohe Pektingehalt regelt den Stuhlgang. Mit Schalen gegessene Äpfel regen die Verdauung an, senken Blutdruck und Cholesterinspiegel und entgiften den Körper – kein Wunder, dass Äpfel schon in der griechischen Mythologie erwähnt werden.

Vorkommen *Nur als Kulturform angepflanzt auf nährstoffreichen Böden.*

> ***im Unterschied zum Wildapfel dornenlos***
> ***Blattunterseite filzig behaart***

Käsepappel

Malva neglecta (Malvengewächse)
H 15–50 cm   Juni–Okt.   ein- bis zweijährig

Der „kleine Bruder" der Wilden Malve enthält in seinen Blättern Schleime und geringe Mengen an Gerbstoffen. Malventee hilft bei Katarrhen der oberen Luftwege und lindert schmerzhafte Schleimhautentzündungen im Mund- und Rachenraum sowie im Bereich von Magen und Darm. Mit denselben Indikationen wird die Malve bereits in der Antike erwähnt.

Vorkommen *Ödland, Wegränder, Unkrautbestände, Gärten, Ackerraine. Auf nährstoffreichen Böden. Europa, Asien, Nordafrika.*

> ***Stickstoffzeiger***
> ***fast weltweit verschlepptes Unkraut***
> ***Kronblätter doppelt so lang wie der Kelch***

Fieberklee

Menyanthes trifoliata (Fieberkleegewächse)

H 15–100 cm   Mai–Juli   Staude

***Vorkommen** Verlandende Seeufer, Sümpfe, Flachmoose, nasse Wiesen. Europa, Asien, Nordamerika.*

> ***dicker, verzweigter Wurzelstock***
> ***dichte Blütentrauben auf blattlosem Stängel***

Der Name Fieberklee deutet auf eine altbekannte Nutzung: Die Blätter der blühenden Pflanze galten als fiebersenkend. Die moderne Medizin kann diese Wirkung allerdings nicht bestätigen. Die Blätter enthalten verschiedene bittere Glykoside und Alkaloide. Sie regt die Bildung von Magensaft an und fördert die Verdauung. In der Volksheilkunde werden auch die Wurzeln verwendet: bei Magenverstimmung, Blähungen, Rheuma und Hautleiden. Nicht verwenden bei Magen- und Darmgeschwüren.

Gesundheits-Tipp

Tee, um den Appetit anzuregen: Pro Tasse 1 TL mit kochendem Wasser übergießen und nach 5 Minuten abseihen. Alternativ kalt ansetzen und bis zum Sieden erhitzen, 1 Minute kochen und abseihen. Ungesüßt trinken.

Gewöhnliche Bärwurz

Meum athamanticum (Doldengewächse)

H 15–45 cm Mai–Juni Staude

Die Bärwurz ist ein typisches Gebirgsgewächs und wird daher nur in der Volksheilkunde dieser Regionen geschätzt. Die vielleicht bekannteste Zubereitung ist der magenstärkende Bärwurz-Schnaps. Die Wurzel wird aber auch in Form von Tees bei Verdauungsstörungen und zum Anregen des Appetits getrunken. Sie soll auch bei Menstruationsstörungen helfen.

Vorkommen *Bergwiesen, Weiden. Auf nährstoffarmen Böden. Mittelgebirge und Alpen, Europa.*

> ***Blüten winzig, 3 mm breit***
> ***Rohstoff für den Bärwurzschnaps***
> ***Pflanze duftet würzig***

Süßdolde

Myrrhis odorata (Doldengewächse)

H 60–120 cm Mai–Juli Staude

Die Pflanze duftet nach Anis, daher wird sie auch Wilder Anis oder Aniskerbel genannt. Die Blätter enthalten Anethol und werden in der Volksheilkunde des mediterranen Raumes verwendet. Sie wirken schleimlösend, fördern die Verdauung und treiben Blähungen. Natürlich werden sie auch als Gewürz verwendet und die Wurzel soll – in Schnaps eingelegt – den Magen stärken.

Vorkommen *Bergwiesen, Hochstaudenfluren, Waldränder Gebüsche. Westalpen, Apennin, Pyrenäen, auch verwildert.*

> ***duftet beim Zerreiben nach Anis***
> ***Früchte mit 5 scharfen Kanten***

Braut-Myrte

Myrtus communis (Myrtengewächse)
H 1–5 m April–Aug. Strauch

Vorkommen *Immergrüne Gebüsche und Wälder. Mittelmeergebiet bis Nordwesthimalaja.*

> ***Blätter gegenständig oder zu dritt***
> ***Beeren blauschwarz***
> ***Myrtenzweige als Symbole von Schönheit und Jugend***

Seit dem Altertum gilt die Myrte als Symbol von Jugend, Schönheit und Jungfräulichkeit: aus ihr flocht man Brautkränze. Nach der arabischen Mythologie brachte Adam sie aus dem Paradies mit. Aus den Blättern gewonnenes Öl wirkt antibakteriell und ist in Arzneimitteln enthalten. Die Volksheilkunde nutzt die getrockneten Blätter bei Blasenleiden, Atmungserkrankungen und Durchfall.

Echter Schwarzkümmel

Nigella sativa (Hahnenfußgewächse)
H 20–40 cm Juni–Sept. einjährig

Vorkommen *Heimat Westasien und Nordafrika, in Mitteleuropa angebaut, selten verwildert.*

> ***Stängel aufrecht, verzweigt***
> ***Blätter mehrfach gefiedert, schmale Fiedern***

Schwarzkümmel wurde in Ägypten als Backgewürz ebenso geschätzt wie unter Karl dem Großen. Er ordnete an, den Schwarzkümmel in den Gärten seiner Pfalzen anzupflanzen. Die schwarzen Samen enthalten ein wertvolles Öl, aber ob es therapeutisch wirksam ist, ist unsicher.

In der Volksheilkunde wird Schwarzkümmel gegen Blähungen, bei Verdauungsbeschwerden und Leberleiden verordnet.

Wald-Sauerklee

Oxalis acetosella (Sauerkleegewächse)

H 5–15 cm   April–Mai   Staude

Die Teilblättchen des Wald-Sauerklees nehmen nachts eine senkrechte Ruhestellung ein. Sie richten sich morgens auf und gehen wieder in die Ruhestellung, wenn die Sonne zu heiß wird. In der Homöopathie gibt es eine ganze Reihe von Indikationen, während die Pflanzenmedizin ihn zurückhaltender verordnet. In der Volksheilkunde galten die kleeartigen Blätter als heilend bei Hauterkrankungen, Skorbut und als Gegengift bei Vergiftungen mit Arsen und Quecksilber.

Vorkommen *Laub- und Nadelwälder auf feuchteren Böden. An schattigen Standorten in gemäßigten Breiten.*

- > ***kommt mit 1 % der Tageslichthelligkeit zurecht***
- > ***Ausbreitung über unterirdisch kriechende Sprosse (Rhizom)***
- > ***Blüten einzeln an blattlosem Stiel***

Gesundheits-Tipp

Wirklich gesund sind die Blätter eigentlich nicht, denn sie enthalten Salze der Oxalsäure. Einige frische Blätter als säuerlich würzige Zutat zu Wildkräutersalaten sind aber sehr schmackhaft und unbedenklich.

Sumpf-Herzblatt

Parnassia palustris (Herzblattgewächse)
H 10–25 cm Juli–Sept. Staude

Vorkommen *Niedermoore, Moorwiesen, Quellen. Europa, Asien, Nordamerika.*

> ***Blüten einzeln, auf langem Stiel***
> ***Grundblätter in einer Rosette***

Das bescheidene Kraut wurde zur Blütezeit gesammelt und getrocknet. Es enthält Gerbstoffe und möglicherweise weitere unbekannte Wirkstoffe. In der Volksheilkunde nahmen es unsichere Menschen ein, um Herzklopfen, Nervosität und Unruhe zu dämpfen. Berichtet wird auch vom Einsatz bei epileptischen Anfällen, und alte Kräuterbücher empfehlen es bei Leberleiden.

Steppenraute

Peganum harmala (Nitrariaceae)
H 30–60 cm März–Aug. Staude

Vorkommen *Trockenes Ödland, Wegränder. Südliches Mittelmeergebiet, Südwestasien bis Tibet.*

> ***Staude am Grunde verholzt***
> ***Blätter tief und unregelmäßig geteilt, 2 Nebenblätter***

Vermutlich wurde die Steppenraute bereits in der frühen Menschheitsgeschichte für rauschhafte Rituale genutzt. Sie erzeugt Halluzinationen und gilt außerdem als Aphrodisiakum. Die Volksheilkunde des Mittelmeerraumes verwendete sie bei Magenleiden, als Schmerzmittel und um Krämpfe zu lösen. Die Samen enthalten eine Mischung von Alkaloiden und ätherisches Öl.

Meisterwurz

Peucedanum ostruthium (Doldenblütengewächse)
H 30–100 cm   Juni–Aug.   Staude

Der getrocknete Wurzelstock riecht ähnlich wie Sellerie. Er enthält ätherisches Öl, Bitter- und Gerbstoffe. Früher therapierte man mit Meisterwurz unterschiedlichste Krankheiten von Gicht und Rheuma bis hin zu Bronchitis. Tatsächlich regen die Bitterstoffe Appetit und Verdauung an und wirken beruhigend. Der Hauptbestandteil der Wurzel, das Imperatorin, wird Bitterschnäpsen beigegeben.

Vorkommen *Bergwiesen, Erlengebüsche, Ödland. Auf lockeren, nährstoffreichen Böden. Europäische Gebirge.*

> ***hohler Stängel***
> ***riecht beim Zerreiben aromatisch***
> ***Frucht zusammengedrückt, mit Flügeln***

Amerikanische Kermesbeere

Phytolacca americana (Kermesbeerengewächse)
H 1–3 m   Juli–Aug.   Staude ☠

Die Kermesbeere wurde als Zierpflanze eingeführt, in Weinbaugebieten nutzte man die Beerenfarbstoffe jedoch gern für Rotweine. Die indianische Medizin und später die europäischen Siedler schätzten die Wurzeln als Wundmittel, bei Tumoren und Hautkrankheiten. Eine aus ihr hergestellte, giftige Tinktur wurde gegen Rheuma eingenommen. Die Beeren sind nur schwach, die Samen stark giftig.

Vorkommen *Weinberge, Ödland, Gebüsche, Wegränder. Heimat Nordamerika, weltweit verschleppt.*

> ***Staude am Grunde verholzt***
> ***Blätter wechselständig, zugespitzt oval***

Anis

Pimpinella anisum (Doldengewächse)

H 30–60 cm   Juli–Aug.   einjährig

Vorkommen *Heimat östliches Mittelmeergebiet, weltweit verschleppt und angebaut.*

> ***Pflanze mit Anisgeruch***
> ***runder, gerillter Stängel***
> ***Stängelblätter nach oben hin feiner zerteilt***

Schon ein Kräuterbuch von 1577 rät Menschen mit „bösem stinkendem Atem" Anis zu nehmen. Das antibakteriell wirkende Öl der Samen gibt vielen Backwaren, Süßwaren, Mundwässern und Spirituosen ihr charakteristisches Aroma. In der Medizin und Volksheilkunde wird der Tee als schleimlösendes und auswurfförderndes Mittel getrunken, das kolikartigen Blähungen vorbeugt. Schließlich glaubt die Volksheilkunde, damit Milchsekretion zu fördern sowie Lust und Potenz zu steigern.

Gesundheits-Tipp

Anistee zur Schleimlösung: Die Früchte (Apotheke) werden kurz vor Gebrauch leicht im Mörser zerstoßen. Pro Tasse 1/2 TL mit kochendem Wasser übergießen, 10–15 Minuten ziehen lassen. Abseihen, mit Honig süßen und vor dem Schlafengehen trinken.

Große Bibernelle

Pimpinella major (Doldengewächse)
H 40–100 cm Juni–Sept. Staude

Die Wurzeln der Großen Bibernelle enthalten ätherisches Öl, und eine Reihe weiterer Wirkstoffe. Sie wird als Tee oder als Fertigpräparat bei Katarrhen der oberen Luftwege eingenommen. Bei Entzündungen im Mund- und Rachenraum hilft ein Gurgelwasser. In der Volksheilkunde badet man schlecht heilende Wunden in dem Aufguss und trinkt den Tee bei Entzündungen in den ableitenden Harnwegen.

Vorkommen *Fettwiesen, Viehweiden. Auf tiefgründigen, nährstoffreichen Böden. Europa.*

> ***kantig gefurchter Stängel***
> ***Blätter einfach unpaarig gefiedert***
> ***Dolden vor dem Aufblühen überhängend***

Kleine Bibernelle

Pimpinella saxifraga (Doldengewächse)
H 30–60 cm Juni–Sept. Staude

Diese etwas kleinere Art enthält dieselben Inhaltsstoffe wie die Große Bibernelle. Bei ihr konnten sich die Kräuterkundigen des Mittelalters nicht auf antike Quellen berufen – Bibernelle wächst nicht am Mittelmeer. Sie taucht erstmals 1588 in dem berühmten Kräuterbuch von Tabernaemontanus auf und wird dort gleich für zahlreiche Krankheiten empfohlen.

Vorkommen *Magerrasen, Heiden, Wiesen, Ödland. Auf mageren Böden. Europa bis Zentralasien.*

> ***Stängel rund, schwach gerillt***
> ***Grundblätter einfach, Stängelblätter oben feiner zerteilt***

Acker-Vogelknöterich

Polygonum aviculare ssp. *aviculare* (Knöterichgewächse)

H 5–50 cm   Mai–Nov.   einjährig

Vorkommen *Wege und Wegränder, Unkrautbestände. Weltweit.*

- ***wächst zwischen Rissen im Asphalt***
- ***Stängel niederliegend bis aufsteigend***
- ***Blüten weiß bis rosa***

Viele Menschen treten den Vogelknöterich im Wortsinne mit den Füßen, denn er gibt sich auch mit einem schmalen Sandstreifen zwischen den Platten eines Gehweges zufrieden. Die getrockneten, oberirdischen Teile enthalten Flavonoide, Gerbstoffe, Schleime und Kieselsäure. Die Heilpflanze spielt in der Schulmedizin praktisch keine Rolle mehr. Die Volksheilkunde empfiehlt das Kraut unter anderem bei Entzündungen im Mund- und Rachenraum. Kurioserweise galt es bei den russischen Kosaken als Aphrodisiakum.

Gesundheits-Tipp

Tee für eine Frühjahrskur: Pro Tasse 1 gehäuften EL der Droge mit kaltem Wasser übergießen und zum Kochen bringen. Sofort abseihen. 2–3 Tassen täglich über etwa einen Monat trinken.

Gewöhnliche Schlehe

Prunus spinosa (Rosengewächse)

H 1–3 m April–Mai Strauch

Auch wenn die Beeren am Strauch lecker aussehen – roh sind sie ungenießbar. Man erntet sie am besten nach dem ersten Frost und bereitet daraus Saft oder Marmelade. Sie enthalten reichlich Gerbstoffe, Fruchtsäuren und Vitamin C. Aus den Blüten bereitet man einen so genannten Blutreinigungstee; er wirkt schwach abführend und soll harntreibend sein. Nach volksheilkundlicher Überlieferung helfen die getrockneten Beeren bei Magenschwäche, Blasen- und Harnleiden.

Vorkommen *Hecken, Waldränder. Auf nährstoffreichen Böden. Europa, Westasien, Nordafrika.*

> ***Blüten meist vor den Blättern erscheinend***
> ***Früchte als Winterkost für Vögel***

Gesundheits-Tipp

Schlehensaft als Appetitmacher: Schlehen waschen, mit kochendem Wasser übergießen und stehen lassen. Nach 1–2 Tagen abgießen und 1 l Saft mit 500 g Zucker aufkochen, umrühren und falls nötig abschäumen. Saft in Flaschen füllen und sterilisieren. Esslöffelweise einnehmen.

Schwarze Johannisbeere

Ribes nigrum (Stachelbeergewächse)

H 100–200 cm April–Mai Strauch

Vorkommen *Bruch- und Auwälder, als Nutzpflanze in Gärten. Europa, Asien.*

> ***sommergrün, Blätter handförmig eingeschnitten***
> ***strenger Geruch***
> ***Kelchblätter doppelt so lang wie die Kronblätter***

Besonders schmackhaft sind die rohen Beeren gerade nicht, aber als Saft oder Sirup helfen sie bei Erkältung, Husten und Entzündungen im Mund- und Rachenraum. Früher kaute man die getrockneten Beeren bei Harnbeschwerden. Aus den Blättern bereitet man einen Tee, der Harn und Schweiß treibt. Er sollte sogar bei Rheuma und Leber- und Gallenbeschwerden helfen.

Himbeere

Rubus idaeus (Rosengewächse)

H 60–200 cm Mai–Juni Strauch

Vorkommen *Waldlichtungen und -wege, Schutthalten. Auf nährstoffreichen Böden. Nordhalbkugel.*

> ***Stängel mit Stacheln***
> ***Blätter 3–7-zählig gefiedert, Nebenblätter***
> ***Kelchblätter grünlich weiß, Kronblätter abfallend***

Auch die Himbeere ist ein Gewächs der Volksheilkunde. Ein Tee aus den gerbstoffhaltigen Blättern wird bei Durchfall, Entzündungen im Mund- und Rachenraum, aber auch zur Blutreinigung getrunken. Die Blätter sind Bestandteil so genannter Haustees. Saft oder Sirup aus den Früchten mildert den bitteren Geschmack von Arzneien, der Saft wird von Fieberkranken getrunken.

Echte Brombeere

Rubus sect. *Rubus* (Rosengewächse)

H 1–4 m   Mai–Aug.   Strauch

Ein Tee aus Brombeerblättern schmeckt angenehm und gar nicht nach Medizin. Daher sind sie allein oder gemischt mit anderen Blättern als Haustee erhältlich. Fermentiert dienen die braunen Blätter als Ersatz für Schwarzen Tee. Die getrockneten Blätter helfen bei Durchfall, als Waschung bei Hautleiden und zum Gurgeln bei Entzündungen im Mund- und Rachenraum. Der Saft der vollreifen Früchte enthält Fruchtsäuren und Vitamine.

Vorkommen *Hecken, Gebüsche, Gärten, Waldränder und Waldlichtungen. Nordhalbkugel.*

> ***klettert mit hakigen, unterschiedlichen Stacheln***
> ***Stängel 2-jährig, verholzend***
> ***formenreiche Sammelart***

Gesundheits-Tipp

Haustee aus Brombeerblättern: Mischen Sie Brombeer- und Himbeerblätter zu gleichen Teilen. Lindenblüten, getrocknete Hagebuttenschalen und Pfefferminze sorgen für Aroma. Pro Tasse 2 TL mit kochendem Wasser übergießen und nach 10 Minuten abseihen.

Schwarzer Holunder

Sambucus nigra (Moschuskrautgewächse)
H 3–7 m Juni–Juli Strauch ☠

Vorkommen *Wälder, Waldränder, Schuttplätze, Ödland. Europa, Kleinasien.*

> ***Nährstoffzeiger***
> ***Blüten stark duftend***
> ***Äste mit weißem Mark***

Einst wuchs der Holunder neben jedem Bauernhof, bewacht von einem Hausgeist, Holunderweibchen oder einer Baumnymphe. Fast alle Teile können genutzt werden: Aus den Blüten bereitet man einen schweißtreibenden Tee bei Erkältungskrankheiten, die Blätter werden ähnlich verwendet. Der Saft der Früchte wird bei Verstopfung, Kopfschmerz und als schweiß- und harntreibendes Mittel genutzt. Rinde und Wurzel sollen bei Rheuma helfen. Nach Albertus Magnus dient die von oben nach unten abgeschabte Rinde als Abführmittel.

Gesundheits-Tipp

Holunderblütentee zur Vorbeugung gegen Erkältung: Pro Tasse 1 TL Blüten mit kochendem Wasser übergießen, nach 5 Minuten abseihen. Mehrmals täglich 1 Tasse trinken. Zum Schwitzen nimmt man 2 TL Blüten und trinkt den Tee so heiß wie möglich.

Wald-Sanikel

Sanicula europaea (Doldengewächse)

H 20–60 cm Mai–Juni Staude

Das Sanikelkraut enthält Saponin-Verbindungen, die eine auswurffördernde Wirkung haben. Es wird bei Katarrhen der Atemwege, zum Gurgeln und früher auch bei Magenblutungen und zur Wundheilung verordnet. Im Mittelalter und später, das belegen die Kräuterbücher, galt das Kraut als Heilmittel für eine Vielzahl von Krankheiten (lateinisch sanare = „heilen").

Vorkommen *Unterwuchs von Laub- und Mischwäldern. Auf humusreichen Böden. Europa, Nordafrika, Westasien.*

> ***Blüten 2–3 mm groß, weiß, selten rosa***
> ***Früchte mit hakigen Stacheln, Tierverbreitung***

Kartoffel

Solanum tuberosum (Nachtschattengewächse)

H 40–80 cm Juni–Aug. Staude ☠

Die oberirdischen Teile der Kartoffel enthalten, wie alle Nachtschattengewächse, giftige Alkaloide. Die Knolle ist stärkereich und wird in der pharmazeutischen Industrie als Trägermaterial genutzt. In der Volksheilkunde machte man sich zunutze, dass zerstampfte Kartoffeln die Wärme zurückhalten. Man legte Pflaster auf Wunden, Quetschungen oder rheumatische Gelenke auf.

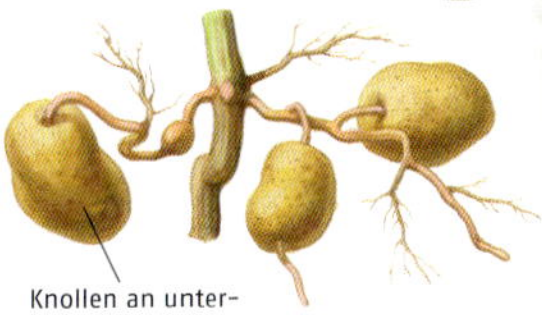

Vorkommen *Heimat Südamerika, feldmäßig und in Gärten kultiviert, selten verwildert.*

> ***grüne Kartoffel giftig***
> ***Blätter unpaarig gefiedert, Fiedern unterschiedlich groß***

Gewöhnliche Eberesche

Sorbus aucuparia ssp. aucuparia (Rosengewächse)

H 3–15 m   Mai–Juni   Strauch

***Vorkommen** Gebüsche, Laub- und Mischwälder, Moorwälder, Felsen. Fast ganz Europa, Westasien.*

- ***Sorten häufig als Straßenbäume***
- ***Früchte wichtige Vogelnahrung***
- ***Blätter sommergrün, wechselständig***

Die rohen Beeren schmecken nicht besonders gut. Außerdem reizen ihre Inhaltsstoffe (Parasorbinsäure, in den Samen Glykoside) die Magenschleimhäute. Rohe Beeren wirken abführend und harntreibend, in größeren Mengen kommt es zu Durchfall und Erbrechen. Die Volksheilkunde nutzt sie bei Nierenerkrankungen, Rheuma, als Abführmittel und den gepressten Saft zum Gurgeln bei Heiserkeit. Beim Einkochen von Mus wird die Parasorbinsäure unschädlich gemacht; es wirkt stopfend.

Beeren 6–9 mm breit

Fiederblättchen gezähnt

bis 100 Blüten im Blütenstand

Gesundheits-Tipp

Ebereschen-Mus: Beeren mit etwas Wasser weich kochen, durch ein Sieb drücken und die gleiche Menge Zucker zugeben. Zu einem dicken Mus einkochen lassen. Das Mus, löffelweise gegessen, regt die Bildung von Magensaft an.

Blätter unpaarig gefiedert

Vogel-Sternmiere

Stellaria media (Nelkengewächse)

H 5–40 cm Jan.–Dez. einjährig

Vögel lieben dieses Kraut, daher der Name. Die oberirdischen Teile enthalten keine pharmazeutisch wirksamen Inhaltsstoffe, allerdings Mineralien und Vitamin C. In der Homöopathie wird es bei Rheuma und Leberschmerzen, in der Volksheilkunde und von Sebastian Kneipp bei Hämorrhoiden verordnet. Weitere Indikationen waren Hautausschläge und Lungenkrankheiten.

Vorkommen *Unkrautbestände in Gärten und Äckern. Auf nährstoffreichen Böden. Europa, weltweit verschleppt.*

> ***typisches Unkraut des Hackfruchtfeldbaus***
> ***Stängel auf einer Längslinie behaart***

Gewöhnlicher Schneeball

Viburnum opulus (Moschuskrautgewächse)

H 150–300 cm Mai–Juni Strauch

Bei den Schneeball-Arten und Sorten, die unsere Gärten zieren, handelt es sich oft um Exoten. Die Rinde dieses heimischen Schneeballes enthält Gerbstoffe und kaum untersuchte Inhaltsstoffe. Sie wird nur in der Homöopathie und Schulmedizin bei schmerzhafter Menstruation und allgemeinen Funktionsstörungen der Fortpflanzungsorgane verwendet.

Vorkommen *Auwälder, Waldränder, Hecken, Bachufer. Auf nährstoffreichen Böden. Europa, Asien.*

> ***Blätter gegenständig, ahornartig***
> ***große Randblüten unfruchtbar, innere fruchtbar***
> ***Vögel verschmähen die Beeren***

Gewöhnliche Schafgarbe

Achillea millefolium (Korbblütengewächse)

H 20–120 cm Juni–Okt. Staude

Vorkommen *Halbtrockenrasen, Wiesen, Weiden, Ackerraine. Auf nährstoffreichen Böden. Europa, Asien.*

> ***zahlreiche, zähe Stängel***
> ***Blätter wechselständig***
> ***Körbchen zu schirmartigen Blütenstand zusammengefasst***

Der mythologische Achilles ist Namenspate dieser Pflanze – er soll mit dem Kraut seine Wunden geheilt haben. In den getrockneten, blühenden Sprossen sind über 100 unterschiedliche Wirkstoffe zu einem heilenden Cocktail vereinigt. Die Droge regt Appetit und Verdauung an, hemmt Entzündungen und löst Krämpfe im Verdauungstrakt. Äußerlich heilt Schafgarbe Entzündungen von Haut und Schleimhäuten. Bei empfindlichen Personen kann die Pflanze zu juckenden Hautausschlägen führen.

Gesundheits-Tipp

Appetitanregender Tee: Pro Tasse 2 TL mit kochendem Wasser übergießen und 10 Minuten ziehen lassen. Abseihen und zwischen den Mahlzeiten trinken. Bei Magen- und Darmbeschwerden gibt man Kamille und Pfefferminze (3 : 5 : 5) dazu.

Zwiebel

Allium cepa (Amaryllisgewächse)

H 60–120 cm Juni–Aug. Staude

Zwiebeln gehören zu den ältesten Nutz- und Heilpflanzen. Sie enthalten organische Schwefelverbindungen und gelten als vorbeugendes Mittel, um Blutfettspiegel und Blutdruck zu senken. Zwiebeln fördern Appetit und Verdauung, mit Zucker aufgekochter Zwiebelsaft ist ein klassisches Erkältungsmittel. Der frische Saft wirkt antibakteriell auch bei Insektenstichen.

***Vorkommen** Heimat W-Asien, weltweit angebaut.*

> verschiedene Sorten als Küchenzwiebeln angebaut

> Blätter röhrig

Winterlauch

Allium porrum (Amaryllisgewächse)

H 30–100 cm Juni–Juli einjährig

Ist der Winterlauch oder Porree eine Heilpflanze oder nicht? Die Römer der Antike waren sich sicher, denn sie empfahlen Lauch bei Husten und angeblich pflegte Kaiser Nero damit seine Stimmbänder. In der Volksheilkunde trinkt man Lauchwasser nach starkem Durchfall, isst ihn gegen Eingeweidewürmer und legt weich gekochten Lauch auf Wunden und Geschwüre auf.

***Vorkommen** Herkunft vermutlich Mittelmeergebiet, fast ausschließlich in Kultur.*

> Blätter röhrenartig, ineinander geschachtelt

> sehr altes Wintergemüse

> Blütenhüllblätter weiß bis rosa

Knoblauch

Allium sativa (Amaryllisgewächse)

H 20–70 cm Juni–Aug. Staude

***Vorkommen** Heimat Zentralasien, weltweit kultiviert, verwildert auf sandigen Böden.*

> ***Blüten mit Brutzwiebeln***
> ***Stängel etwa bis zur Mitte beblättert***

Berichte über sehr alte Menschen enthalten oft den Hinweis, sie hätten regelmäßig Knoblauch gegessen. Leider können auch Knoblauchpillen kein langes Leben sichern. Aber ein Mensch, der durchdringend nach Knoblauch riecht, hat sicher etwas für seine Gesundheit getan. Knoblauch wirkt desinfizierend, fördert die Verdauung, senkt den Blutfettspiegel und beugt Arteriosklerose vor. Die Volksheilkunde setzt Knoblauchzehen auch äußerlich bei Warzen, Schwielen und Hautflechten ein.

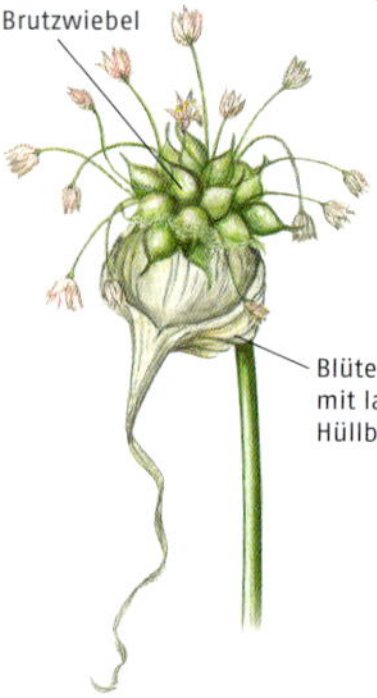

Gesundheits-Tipp

Knoblauch-Sirup gegen Husten: 5 zerquetschte Zehen werden mit 5 TL Zucker gemischt und mit etwas Wasser aufgegossen. Zum Kochen bringen, 5 Minuten ziehen lassen und durch ein Tuch seihen. Löffelweise einnehmen.

Bär-Lauch

Allium ursinum (Amaryllisgewächse)
H 20–50 cm Mai–Juni Staude

Die Inhaltsstoffe gleichen jenen des Knoblauchs, der Bär-Lauch duftet aber nicht so stark. Man verwendet die gesamte Pflanze kurz vor der Blüte. Die Pflanze senkt den Blutdruck und gilt als Hausmittel bei Magen- und Darmstörungen, Appetitlosigkeit und Schwäche (oft in Milch). Als Einreibung oder Packung benutzte man sie auch bei Wunden, Rheuma und Hautflechten.

Vorkommen *Feuchte Laub- und Auwälder. Auf humusreichen Böden. Europa, Asien.*

> ***bildet große Bestände***
> ***bereits von weitem am Lauchduft zu erkennen***
> ***zeigt hohen Grundwasserstand an***

Römischer Bertram

Anacyclus pyrethrum var. *pyrethrum* (Korbblütengewächse)
H 20–30 cm Mai–Aug. Staude

Der englische Arzt N. Culpeper (1652) lobt den Bertram für seine Fähigkeit, das Gehirn von „phlegmatischen Stimmungen“ zu befreien. In der volkstümlichen Medizin nimmt man die Wurzel gegen Zahnschmerzen, um den Speichelfluss anzuregen, bei rheumatischen Beschwerden – und als Aphrodisiakum. Die Pflanze kommt bis Indien vor und wird in der ayurvedischen Heilkunde berücksichtigt.

Vorkommen *Rund um das Mittelmeer, kultiviert beispielsweise in Algerien.*

> ***Blätter wechselständig, glatt, gefiedert***

Gewöhnliches Katzenpfötchen

Antennaria dioica var. *dioica* (Korbblütengewächse)

H 10–20 cm   Mai–Juni   Staude

Vorkommen *Magerrasen und Weiden, Heiden, Kiefernwälder. Auf leicht sauren Böden. Europa, Asien.*

> ***zeigt magere Böden an***
>
> ***Pflanze zweihäusig, Hüllblätter der männlichen Blüten weiß, der weiblichen rosa***

In den getrockneten Blütenkörbchen ist eine Reihe von Wirkstoffen enthalten, die in der Schulmedizin allerdings nicht hoch geschätzt werden. Die Volksheilkunde empfiehlt den Tee bei Beschwerden von Galle und Leber, sowie bei Durchfall und Erkältung. Die Blüten sind als schmückende Beigabe in einigen Teemischungen enthalten.

Gemüsespargel

Asparagus officinalis (Spargelgewächse)

H 30–150 cm   Mai–Juli   Staude

Vorkommen *Heimat vermutlich östliches Mittelmeergebiet, sonst kultiviert, selten auf sandigen, sommertrockenen Stellen verwildert.*

> ***Gemüsespargel sind die jungen Sprosse***
>
> ***Frucht eine kugelige, rote Beere***
>
> ***männliche und weibliche Blüten auf unterschiedlichen Pflanzen***

Der Gemüsespargel treibt als Spross aus einem Wurzelstock aus. In diesem sind die Wirkstoffe wesentlich höher konzentriert als in den Stangen. Spargelwurzel hat harntreibende Wirkung und wird als Tee bei Entzündungen von Blase und Niere verordnet. Mit dieser Indikation ist sie sogar in Arzneimitteln enthalten. Die Volksheilkunde nutzt Spargel bei Rheuma und Gicht.

Gänseblümchen 002

Bellis perennis (Korbblütengewächse)

H 5–15 cm Jan.–Nov. Staude

Das unscheinbare Gänseblümchen wird in allen wichtigen Kräuterbüchern erwähnt und gilt darin als „fürtreffenlich" für allerlei Krankheiten. Heute spielt es ausschließlich in der homöopathischen Praxis eine Rolle bei Prellungen und Hauterkrankungen. In der Volksheilkunde nimmt man die frischen Blätter gerne für Frühlingssalate. Ihre Bitterstoffe, Flavonoide und ätherisches Öl regen den Stoffwechsel an. Auch die äußere Anwendung bei Eiter, Furunkeln und Hautkrankheiten ist üblich.

Vorkommen *Rasen in Gärten und Parks, Wiesen, Weiden. Auf nährstoffreichen Böden. Fast ganz Europa.*

> ***verbreitet, zeigt Nährstoffe an***
> ***widersteht dem Rasenmäher***
> ***Blütenkörbchen auf blattlosem Stängel***

Gesundheits-Tipp

Waschlösung für unreine Haut: Je 1 TL Gänseblümchen (Blätter und Blüten) und Stiefmütterchenkraut über Nacht in 1 l Wasser bei Zimmertemperatur stehen lassen. Die Haut damit abtupfen.

Große Eberwurz

Carlina acaulis ssp. acaulis (Korbblütengewächse)
H 5–60 cm   Juli–Sept.   Staude

Vorkommen *Magere Wiesen und Weiden, Trockenrasen, steinige Hänge. Auf kalkhaltigen Böden. Mittel- und Osteuropa, Alpen, Gebirge Südeuropas.*

> **Körbchen schließen sich bei feuchtem Wetter**
> **wird vom Weidevieh verschmäht**
> **außen Hüllblätter, keine Zungenblüten**

Die getrocknete Wurzel wird ausschließlich in der Volksheilkunde verwendet. Sie ist harn- und schweißtreibend, wird bei Fieber, Erkältungen, Magenverstimmungen und äußerlich bei Wunden und Hautleiden verordnet. Das Lob der Eberwurz in alten Kräuterbüchern beruht auf einem Missverständnis: Die Autoren beziehen sich auf Dioskurides, der eine ganz andere Pflanze meinte.

Römische Kamille

Chamaemelum nobile (Korbblütengewächse)
H 10–50 cm   Juni–Okt.   Staude

Vorkommen *Mittelmeer, West- und Südeuropa, Nordwestafrika, Azoren.*

> **verwendet wie die Echte Kamille**
> **Blütenköpfchen bei Kulturformen nur mit Zungenblüten**

In West- und Südeuropa ist diese Art viel bekannter als unsere Kamille. Sie wird sehr ähnlich angewandt, denn sie hemmt Entzündungen und löst Krämpfe. Ein Tee aus den getrockneten Blütenkörbchen wird bei Verdauungsbeschwerden, Blähungen, Menstruationsbeschwerden, zur Beruhigung und als Waschung bei Wunden verwendet.

Gewöhnliches Maiglöckchen

Convallaria majalis (Spargelgewächse)

H 10–20 cm   Mai–Juni   Staude   ☠

Die Pflanze ist sehr giftig und nicht für Selbstmedikation geeignet! Kraut und Blüten enthalten herzwirksame Glykoside wie der Fingerhut (S. 50). In der Schulmedizin setzt man die Pflanze in standardisierten Präparaten bei Herzmuskelschwäche ein; ähnlich auch in homöopathischen Verdünnungen. Trotz ihrer Giftigkeit waren Maiglöckchen in der Volksheilkunde sehr verbreitet.

Vorkommen *Laubwälder. Auf tiefgründigen, lockeren Böden. Europa, Asien.*

> ***Blüten auf kantigem Stängel, zu einer Seite gerichtet***
> ***nur 2 Blätter, übereinander stehend***

Blaugummibaum

Eucalyptus globulus ssp. *globulus* (Myrtengewächse)

H bis 40m   Feb.–Juli   Baum

Die Heilkunde der Aborigines nutzt den Blaugummibaum als fiebersenkende und Infektionen bekämpfende Medizin. Da der Baum erst im 19. Jahrhundert nach Europa kam, fehlt hier die Volkstradition. Sein Öl wirkt krampflösend und antibakteriell, sowie innerlich und äußerlich bei Erkältungskrankheiten, Asthma und Rheuma. Manche Patienten vertragen den direkten Kontakt mit dem Öl nicht.

Vorkommen *Heimat Südostaustralien und Tasmanien, im Mittelmeergebiet kultiviert.*

> ***angebaut, um Sümpfe zu entwässern***
> ***Blätter immergrün***
> ***nur Kelch-, keine Kronblätter***

Echte Kamille

Matricaria recutita/chamomilla (Korbblütengewächse)

H 15–50 cm Mai–Aug. einjährig

Vorkommen *Weg- und Straßenränder, Getreidefelder, Ödland. Heimat östliches Mittelmeergebiet, weltweit verbreitet.*

- > ***Blüten duften beim Zerreiben***
- > ***zeigt Lehmboden an***
- > ***sehr alte Heilpflanze***

Kamillenblüten enthalten einen ganzen Cocktail von Wirkstoffen, die isoliert oder in ihrer Gesamtheit angewandt werden. Schulmedizin, Homöopathie, Volksmedizin und die pharmazeutische Industrie sind sich bemerkenswert einig: Kamille hilft bei Entzündungen im Magen-Darm-Trakt, bei Menstruationsbeschwerden, Leber- und Gallenerkrankungen, Schleimhautentzündungen und äußerlich bei Hautkrankheiten. Kamille wird als Tee, Bad, Spülung oder zur Inhalation angewandt.

Gesundheits-Tipp

Tee bei Magen-Darm-Beschwerden (Nicht den billigen Beuteltee, sondern Kamillenblüten aus der Apotheke verwenden!): Pro Tasse 1 gehäuften EL Blüten mit kochendem Wasser übergießen, 5–10 Minuten ziehen lassen, abseihen. Ungesüßt lauwarm zwischen den Mahlzeiten trinken.

Dalmatiner Insektenblume

Tanacetum cinerariifolium (Korbblütengewächse)
H 30–60 cm Mai–Juni Staude

Der deutsche Name bezieht sich auf den Effekt der Pyrethrine. Sie sind in den Blüten enthalten, blockieren bestimmte Nervenkanäle bei Insekten und führen deren Tod herbei. Diese Stoffgruppe soll für Säugetiere ungefährlich sein. Man setzte die Pflanze früher gegen Eingeweidewürmer ein, heute wird sie allenfalls gegen Läuse und deren Eier (Nissen) verwendet.

Vorkommen *Offene Flächen, Ödland. Balkanhalbinsel, früher in Europa angebaut.*

> ***Pflanze duftet aromatisch***
> ***Blütenköpfchen einzeln, weiße Zungen- und gelbe Röhrenblüten***

Mutterkraut

Tanacetum parthenium (Korbblütengewächse)
H 30–60 cm Juni–Aug. Staude

Die Blätter werden als Insektenmittel und Umschlag bei Quetschungen und Rheuma genutzt. Die Römer der Antike kannten das Kraut als menstruationsauslösende Heilpflanze und setzten sie bei Geburten ein. In Großbritannien werden frische Blätter gegen Migräne gegessen – eine umstrittene Indikation. Nicht verwenden in Schwangerschaft und Stillzeit; Allergien durch Hautkontakt möglich.

Vorkommen *Gärten, Wegränder, Ödland. Heimat Südosteuropa (Balkan), Asien.*

> ***Pflanze riecht aromatisch bis unangenehm***
> ***Blütenköpfchen mit Zungen- und Röhren-, nur mit Röhren- oder nur mit Zungenblüten***

Meerzwiebel

Urginea maritima (Spargelgewächse)
H 50–150 cm   Aug.–Okt.   Staude ☠

Vorkommen *Felsen, Weiden, Garigue, Sandstrände. Nur im Mittelmeergebiet.*

> ***Zwiebel bis 3 kg schwer***
> ***Blätter erscheinen lange vor den Blüten***
> ***Blüten in hoher Traube***

Die Schuppen der riesigen Zwiebel enthalten herzwirksame Glykoside. Wegen der Giftigkeit wird die Zwiebel nur durch den Arzt bei Herzinsuffizienz und verminderter Nierenleistung verordnet. Die aus der Antike überlieferten Berichte über die Heilkraft lassen sich nicht alle dieser Art zuordnen. Das tödliche Gift einer nahe verwandten, roten Varietät wirkt spezifisch auf weibliche Nagetiere.

Weißer Germer

Veratrum album (Germergewächse)
H 50–150 cm   Juni–Aug.   Staude ☠

Vorkommen *Weiden in den Alpen, Moorwiesen, Auwälder der Voralpen. Gebirge Südeuropas, Asien.*

> ***bildet dichte Bestände***
> ***Blätter unten breit oval, oben schmaler, parallele Nerven***
> ***Blütenblätter 10–20 mm lang***

Die kräftige Wurzel enthält hochgiftige Alkaloide (1–2 g sind tödlich!); Germer ist besonders gefährlich, da man ihn mit dem Gelben Enzian verwechseln kann. Trotzdem wandten Kräuterkundige ihn bei Herzrhythmusstörungen, zur Behandlung von Krämpfen, bei Cholera und Fieber, äußerlich auch bei Rheuma und Gicht an. Heute taucht der Weiße Germer nur noch in der Homöopathie auf.

Gewöhnliche Rosskastanie

Aesculus hippocastanum (Seifenbaumgewächse)

H bis 20 m Mai–Juni Baum

Während die Medizin fast nur die Samen mit dem Saponin Aescin verwendet, nutzt die Volksheilkunde auch Blätter, Blüten und Rinde. Das Aescin ist in Präparaten gegen Venenschwäche, Ödeme, Krampfadern und Hämorrhoiden enthalten. Weiterhin gibt es Einreibemittel und Bäder, die bei Prellungen und Durchblutungsstörungen empfohlen werden. Die Volksheilkunde setzt die Blätter bei Rheuma, Thrombose, Venenentzündung und Hämorrhoiden ein.

Vorkommen *Heimat Südosteuropa (Balkan), als Zier- und Straßenbaum angepflanzt, gelegentlich verwildert.*

> ***Blüten zwei- oder eingeschlechtlich***
> ***Blüten in aufrecht stehenden Blütenständen***
> ***Blattfiedern bis 20 cm lang***

Gesundheits-Tipp

Da die erhältlichen Medikamente alle wichtigen Indikationen abdecken, hier eine Hausmittel-Tinktur: In Branntwein ausgezogene Blätter, Rinde und Blüten dienen als Einreibemittel gegen Rheuma.

Pracht-Akanthus

Acanthus mollis (Akanthusgewächse)

H 50–120 cm   März–Juni   Staude

Vorkommen *Brachland, Gebüsche, Garigue, ganz Mitteleuropa in Gärten und Kübeln. Mittelmeergebiet.*

- ***Vorbild für die Akanthusblätter in der Architektur***
- ***schwarze, verzweigte Pfahlwurzel***

Inspiriert von seinen Blättern soll der griechische Bildhauer Kallimachos im 5. Jahrhundert v. Chr. das Akanthus-Kapitell geschaffen haben. Wenig später tauchen Berichte über Akanthus als Heilpflanze auf. Die Blätter werden äußerlich bei Brandwunden und Verstauchungen, innerlich bei Blähungen, Krämpfen und nervösen Beschwerden angewandt, allerdings nur in der Volksheilkunde.

Zitronen-Verbene

Aloysia triphylla (Eisenkrautgewächse)

H 1–2,50 m   Aug.–Sept.   Strauch

Vorkommen *Heimat Südamerika, nach Europa als Zier- und Kübelpflanze eingeführt.*

- ***Blätter duften beim Zerreiben nach Zitrone***
- ***Blätter meist in Quirlen zu dritt***

Die getrockneten Blätter enthalten ätherische Öle, Schleime und andere Substanzen. Sie werden vor allem in Frankreich als Tee gegen Verdauungsbeschwerden („Vervaine"), Schlafstörungen und Nervosität getrunken. Das reine Öl wird auch von der Parfümindustrie genutzt. Wegen des frischen Geschmacks werden die Blätter anderen Tees beigemischt.

Großblütiger Augentrost

Euphrasia officinalis ssp. *rostkoviana* (Sommerwurzgewächse)

H 5–45 cm Mai–Okt. einjährig

Obwohl das Kraut eine Reihe von Wirkstoffen enthält, dürfte sein Gebrauch in der Volksheilkunde auf die alte Signaturenlehre zurückgehen: Die Blüte gleicht einem Auge. Entsprechend werden als Indikationen Entzündungen und Ermüdungserscheinungen des Auges angegeben. Hinzu kommen Husten, Schnupfen und Magenbeschwerden. Bei wild gesammelten Pflanzen besteht Infektionsgefahr.

Vorkommen *Magere Wiesen und Weiden, Bergwiesen, Flachmoore. Auf kalkarmen Böden. Europa.*

> ***Stängel borstig und drüsig behaart***
> ***Blüten in den oberen Blattachseln***

Echte Geißraute

Galega officinalis (Hülsenfrüchtler)

H 60–120 cm Juni–Aug. Staude

Das Kraut enthält eine Substanz, die im Laborversuch den Blutzucker senken kann (Galegin). Die Schulmedizin bevorzugt für die Diabetes-Therapie allerdings in ihrer Wirkung besser belegte Medikamente. Hinzu kommt, dass Moleküle vom Galegin-Typ als giftig bekannt sind. Die Volkheilkunde kennt Geißraute auch als harntreibendes und den Milchfluss anregendes Mittel.

Vorkommen *Heimat östliches Mittelmeergebiet, auf Ödland, Brachen, Bahndämmen und an Straßenrändern verwildert.*

> ***Blüten weiß bis hell lila***
> ***Blätter unpaarig gefiedert; Teilblättchen mit deutlicher Spitze***

Sojabohne

Glycine max (Hülsenfrüchtler)

H 30–100 cm   Juli–Aug.   einjährig

***Vorkommen** Heimat Ostasien, weltweit als Nahrungspflanze und zur Ölgewinnung angebaut.*

- ***Pflanze nur in kultivierter Form bekannt***
- ***Blüten weiß bis blassviolett***
- ***Blätter lang gestielt, 3-zählig***

Sojaöl ist nicht nur Nahrungsmittel, sondern gehört auch in die Reihe der pharmazeutisch wirksamen Substanzen. Es dient in Ölen und Salben als Träger für andere Stoffe, als Diätkost senkt es den Cholesterinspiegel. Es enthält hormonähnliche Bestandteile, die in den Wechseljahren und vorbeugend gegen Osteoporose, Herz-Kreislauferkrankungen, vielleicht sogar Krebs wirken könnten.

Gottesgnadenkraut

Gratiola officinalis (Wegerichgewächse)

H 20–40 cm   April–Aug.   Staude ☠

***Vorkommen** Wiesen, Ufer. Auf nassen, torfigen Böden. Asien, Europa.*

- ***Pflanze kahl***
- ***Blätter sitzend, gegenständig***
- ***Blüten gestielt, in den oberen Blattachseln***

Die oberirdischen Teile enthalten ein starkes Gift – Gottesgnadenkraut gehört nicht in die Hand von Laien! Dennoch wurde die Pflanze von den heilkundigen Kräuterkennern genutzt: Sie wirkt sehr stark abführend und soll Gicht und Leberleiden heilen. Äußerlich setzte man Zubereitungen getrockneter Pflanzenteile bei Hauterkrankungen ein.

Weiße Taubnessel

Lamium album (Lippenblütengewächse)

H 20–50 cm   April–Okt.   Staude

Die nicht blühende Pflanze erinnert an eine Brennnessel, hat aber keine Brennhaare. Obwohl Blüten und Kraut im Volk als Heilpflanze beliebt waren, spielt sie in der Pflanzenmedizin keine Rolle (außer in der Homöopathie). Taubnessel-Tee trank man bei Katarrhen in den Atemwegen, bei Magen- und Darmbeschwerden, Völlegefühl und Blähungen. Äußerlich diente er zu Umschlägen und Waschungen bei oberflächlichen Hautentzündungen und schmerzhafter Monatsblutung.

Vorkommen *Wege, Hecken, Waldränder, Gräben, Gärten. Weit verbreitet, Europa und Asien.*

> ***zeigt Stickstoff an***
> ***Lippenblüten in einem Ring in den Blattachseln***
> ***Blätter gegenständig***

Gesundheits-Tipp

Zur Beruhigung und als Schlafmittel: Pro Tasse 1–2 TL der Blüten mit Wasser übergießen und zum Sieden bringen. 5 Minuten ziehen lassen, abseihen, mit Honig süßen und sofort trinken.

Ufer-Wolfstrapp

Lycopus europaeus (Lippenblütengewächse)

H 20–130 cm   Juli–Sept.   Staude

***Vorkommen** Schilf, Ufer, Gräben. Auf feuchten bis nassen Böden. Europa, Asien, Nordafrika.*

> ***Lippenblüten in einem Ring in den Blattachseln***
> ***Blätter gegenständig, gezähnt bis tief eingeschnitten***

Aus dem Kraut gefertigte Arzneimittel werden auch von der Schulmedizin eingesetzt. Sie senken die Aktivität der Schilddrüse bei leichter Überfunktion und verändern den Hormonspiegel vor der Periode. Damit werden prämenstruelle Begleiterscheinungen abgemildert. In der Volksheilkunde war Wolfstrapp als fiebersenkendes Mittel bekannt.

Gewöhnlicher Andorn

Marrubium vulgare (Lippenblütengewächse)

H 40–50 cm   Juni–Aug.   Staude

***Vorkommen** Wegränder, Mauern, Schuttplätze, Gärten. Mittelmeergebiet, nördlich der Alpen selten.*

> ***Pflanze grau-filzig behaart***
> ***Lippenblüten in fast kugeligen Blütenständen***
> ***Blätter runzelig***

Der Andorn gehört zu den ältesten überlieferten Heilpflanzen, sein lateinischer Name stammt aus dem Hebräischen. Das getrocknete Kraut ist im Mittelmeerraum als Mittel gegen Appetitlosigkeit verbreitet, aber auch gegen Magen- und Darmbeschwerden, Völlegefühl und Blähungen, Katarrhe der Atemwege und äußerlich zur Wundheilung.

Nicht verwenden bei Magen- und Darmgeschwüren.

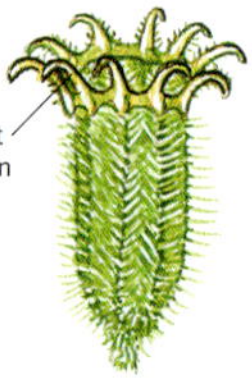

Zitronen-Melisse

Melissa officinalis (Lippenblütengewächse)

H 20–80 cm   Juni–Aug.   Staude

Der Duft des ätherischen Öls steigt auf, wenn die Blätter zerrieben werden. Es ist in Arzneimitteln, Teemischungen und Einreibemitteln enthalten. Melisse hilft bei leichten Herzbeschwerden, nervösen Magen- und Darmstörungen. Das Kraut beruhigt, löst Krämpfe, vertreibt Schlaflosigkeit und Rheumaschmerzen. Im „Melissengeist“ sind auch andere Komponenten enthalten.

***Vorkommen** Heimat östliches Mittelmeergebiet, nördlich der Alpen selten an warmen Plätzen verwildert.*

- **> *Pflanze riecht nach Zitrone***
- **> *Lippenblüten nach einer Seite gerichtet***
- **> *Krone weiß bis gelblich***

Krause Minze

Mentha spicata ssp. *crispa* (Lippenblütengewächse)

H 30–100 cm   Juli–Sept.   Staude

In den Blättern ist ein komplex aufgebautes, ätherisches Öl enthalten, dem die Pflanze ihren typischen Geruch und medizinische Wirkung verdankt. Ein großer Anteil dieses Öls fließt in die Produktion von Zahnpasten, Mundwässern und Kaugummis. Die Blätter regen den Appetit an, fördern die Verdauung und treiben Blähungen. Bei Erkältung wird der Duft des Öls inhaliert.

***Vorkommen** Herkunft unsicher, nur als Heil- und Gewürzpflanze kultiviert, oft verwildert.*

- **> *Pflanze stark verzweigt***
- **> *Blätter gegenständig, zerschlitzt gezähnt***
- **> *Blüten weiß bis blassviolett***

Bohne

Phaseolus vulgaris (Hülsenfrüchtler)

H 30 cm–4 m Juni–Sept. einjährig ☠

***Vorkommen** Heimat Mittel- und Südamerika, weltweit als Gemüsepflanze kultiviert.*

- > ***Sorten buschig oder rankend***
- > ***Schmetterlingsblüten weiß bis hellviolett***
- > ***ungekochte Hülsen giftig***

Auch die von den Samen befreiten und getrockneten Hülsen sind giftig! Der Tee und die Präparate aus den Schalen werden von der Schulmedizin und der Volksheilkunde als harntreibendes Mittel eingesetzt. Von den Kräuterheilern wurde die Bohne – vielleicht wegen ihrer Chromsalze – auch bei Diabetes, bei Gicht und Akne angewandt.

Griechischer Bockshornklee

Trigonella foenum-graecum (Hülsenfrüchtler)

H 10–50 cm Juni–Juli einjährig

***Vorkommen** Angebaut in Südeuropa, Heimat Südwestasien.*

- > ***tief reichende Pfahlwurzel***
- > ***Samen mit unangenehmem Geruch***
- > ***Kronblätter gelblich weiß***

Die Samen des Bockshornklees werden schon in ägyptischen Papyri und von arabischen Ärzten gelobt. Zur Zeit Karls des Großen wurde die Pflanze nördlich der Alpen verbreitet. Äußerlich wird der bitter-würzige Bockshornklee in Umschlägen gegen Furunkel und innerlich bei Appetitlosigkeit genutzt. Außerdem soll der Samen bei Katarrhen der Atemwege und Diabetes helfen.

Echtes Eisenkraut

Verbena officinalis (Eisenkrautgewächse)

H 30–100 cm   Juli–Sept.   einjährig bis Staude

Schon in der Keltenzeit wurde die Heilkraft des Krautes genutzt, von der Schulmedizin wird sie allerdings angezweifelt. Verwendet wird der getrocknete obere Sprossabschnitt mit den Blättern. Er enthält Glykoside, Flavonoide und etwas ätherisches Öl. Eisenkraut soll Harn- und Milchfluss anregen, Entzündungen in Mund, Rachen, Magen und Darm sowie in den ableitenden Harnwegen heilen. Das Vervain der Bachblütentherapie soll entspannen und offener machen für den Rat der Mitmenschen.

***Vorkommen** Ödland, Weiden, Wegränder, Mauern. Sehr verbreitet. Europa (nicht im Norden), Nordafrika, Südwestasien.*

> ***Blüten weißlich bis blasslila***
> ***Stängel 4-kantig***

Gesundheits-Tipp

Tee bei leichten Magenbeschwerden: Pro Tasse 1 gehäuften TL des Krautes mit kochendem Wasser übergießen und 5 Minuten stehen lassen. Abseihen und sofort trinken.

Gewöhnlicher Teufelsabbiss

Succisa pratensis (Geißblattgewächse)

H 15–80 cm   Juli–Sept.   Staude

Vorkommen *Moorwiesen, Flachmoore, magere Feuchtwiesen, Gebirgswiesen. Auf mageren Böden. Mitteleuropa, Westasien.*

- > ***Blätter in grundständiger Rosette***
- > ***Stängelblätter gegenständig***
- > ***Wurzel sieht wie abgebissen aus***

Die wie abgebissen aussehende Wurzel – hierin sah man früher Teufelswerk – wird nur in der Homöopathie und der Volksmedizin verwendet. Sie war als Hausmittel gegen Husten, bei Heiserkeit, zum Lösen von Schleim, zur Blutreinigung und sogar als Wurmmittel bekannt. In Form von Umschlägen sollte sie Geschwüre und Quetschungen heilen.

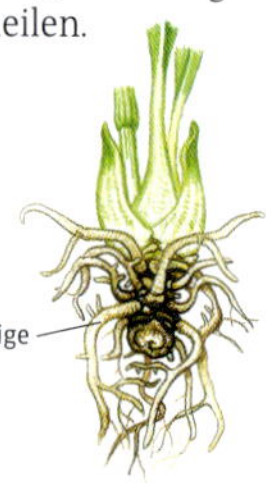

Bachbungen-Ehrenpreis

Veronica beccabunga (Wegerichgewächse)

H 20–60 cm   Mai–Aug.   Staude

Vorkommen *Bachufer, Gräben, Schilf, Quellfluren. Auf nassen bis überschwemmten Böden. Europa, Asien, Nordafrika.*

- > ***Blüten in gegenständigen, lang gestielten Blütenständen***
- > ***Stängel liegend bis aufsteigend***

Das zur Blütezeit geerntete Kraut wird heute kaum noch verwendet. Früher aß man die Blätter als Frühjahrskur im Salat und vorbeugend gegen Skorbut. Das Kraut galt als harntreibend, abführend, sollte den Appetit anregen, Blasensteine abbauen und gegen Rheuma, Hauterkrankungen und Zahnfleischbluten helfen.

Echter Ehrenpreis

Veronica officinalis (Wegerichgewächse)

H 10–20 cm   Juni–Aug.   Staude

Die „Blütezeit" des Ehrenpreis war das Mittelalter, als er noch „Allerweltsheil" genannt wurde. Das Kraut wird nur in der Volksheilkunde bei allen Arten von Erkältungskrankheiten, Verdauungsbeschwerden, als harntreibender Tee und bei Rheuma angewandt. Ehrenpreis-Tee soll gegurgelt Entzündungen im Mund- und Rachenraum lindern und getrunken gegen die Hitzewallungen des Klimakteriums helfen. Die Homöopathie verordnet die Verdünnungen bei Ekzemen und Bronchialkatarrhen.

Vorkommen *Heiden, magere Wiesen, Waldschläge, Wegränder. Auf steinigen bis sandigen Böden. Europa, Westasien.*

- ***Zeigt sauren Boden an***
- ***Stängel nur im Blütenbereich aufrecht***
- ***Stängel dicht und rundum behaart***

Gesundheits-Tipp

Beruhigungsbad: Eine Handvoll Ehrenpreiskraut in 1 l Wasser kochen, abseihen und ins warme Badewasser gießen. 20 Minuten lang im Bad entspannen.

Schminkwurz

Alkanna tuberculata (Raublattgewächse)
H 10–30 cm April–Juni Staude

Vorkommen *Sandige oder felsige Küsten, Ödland. Mittelmeergebiet, in Mitteleuropa als Gartenpflanze.*

> **Stängel niederliegend bis aufsteigend**
> **Blätter schmal, obere mit herzförmigem Grund**

In der Wurzelrinde ist ein roter Farbstoff enthalten, der lange Zeit zum Färben von Lebensmitteln und in der Kosmetik genutzt wurde. Schminkwurz hilft gegen Durchfall und bei Hauterkrankungen als zusammenziehendes Mittel. Allerdings enthält sie leberschädigende und krebserregende Pyrrolizidinalkaloide. Daher ist in einigen Ländern die innere wie äußere Anwendung verboten.

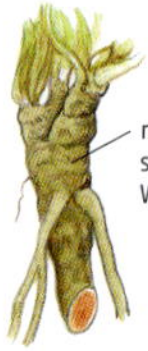

Akelei

Aquilegia vulgaris (Hahnenfußgewächse)
H 40–80 cm Mai–Juli Staude ☠

Vorkommen *Lichte Laubwälder, Gebüsche, Wiesen, Hecken. Europa, Asien, Nordafrika.*

> **auch als Gartenblume mit abweichenden Blütenfarben**
> **Blätter doppelt 3-zählig gefiedert**

Weidetiere kennen diese Giftpflanze und lassen sie stehen. Das frische Kraut wird in der Homöopathie gegen nervöse Beschwerden und bei Menstruationsstörungen verordnet. In der Volksheilkunde diente die Akelei zur Bekämpfung von Hautausschlägen und soll gegen Leber- und Gallenleiden sowie Magen- und Darmbeschwerden helfen.

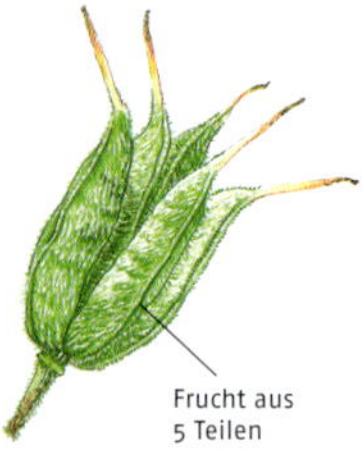

Einjähriger Borretsch

Borago officinalis (Raublattgewächse)

H 20–80 cm Mai–Sept. einjährig

Während das kalt gepresste Öl unbedenklich ist und in der Nahrungsmittelindustrie verarbeitet wird, enthält das Kraut Spuren der gefährlichen Pyrrolizidinalkaloide. Als Einlegegewürz für Gurken dürfte es ungefährlich sein. Als Hausmittel gegen Husten und Nieren- beziehungsweise Blasenentzündungen sollte man es allerdings nicht mehr verwenden.

Vorkommen *Heimat Mittelmeergebiet, nördlich der Alpen als Gartenpflanze kultiviert und verwildert.*

- **Pflanze mit Gurkengeruch**
- **borstig behaart**
- **obere Blätter am Stiel herablaufend**

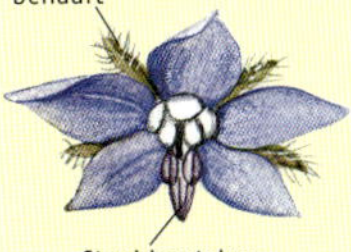

Saat-Lein

Linum usitatissimum (Leingewächse)

H 30–60 cm Juni–Juli einjährig

Lein ist eine der ältesten Kulturpflanzen der Menschheit. Er war in Ägypten und der Antike zur Fasergewinnung und als Heilpflanze bekannt. Der hohe Schleimgehalt der Samenschale quillt im Darm auf, regt die Darmperistaltik an und dient als mildes Abführmittel. Äußerlich hilft Lein bei Geschwüren, Hildegard von Bingen empfiehlt ihn bei Brandwunden.

Vorkommen *Heimat wahrscheinlich Mittelmeergebiet, selten aus Kulturen verwildert.*

- **seit der Steinzeit kultiviert**
- **Blätter schmal, wechselständig**
- **Blütenstand mit bis zu 10 Blüten**

Herbst-Alraune

Mandragora autumnalis (Nachtschattengewächse)

H 10–20 cm Sept.–Nov. Staude ☠

Vorkommen *Wegränder und Ödland im Mittelmeergebiet.*

- ***stark gestauchter Stängel***
- ***Blüten kurz gestielt, violettblau***
- ***Frucht eine gelblich rote Beere***

Die Alraune oder Mandragora war stets mehr Zauber- als echte Heilpflanze. In der berühmten ägyptischen Arzneimittelsammlung (Papyrus Ebers, 1550 v. Chr.) wird sie ebenso erwähnt wie bei den Griechen, Römern oder im Mittelalter. Hintergrund der Verehrung als Amulett gegen Krankheiten und Zauber war die merkwürdige Form der Wurzel, die an eine menschliche Gestalt erinnerte – man half durch Schnitzen etwas nach. Die Wurzel enthält giftige Alkaloide; man setzt sie als Schlaf- und Schmerzmittel ein.

Schon gewusst?

Angeblich stieß die Alraune einen tödlich wirkenden Schrei aus, wenn sie aus dem Boden gezogen wurde. Daher ließ der Kundige diese Arbeit von einem Hund erledigen und stieß abseits laut in ein Horn, um den Schrei nicht hören zu müssen.

Bittersüßer Nachtschatten

Solanum dulcamara (Nachtschattengewächse)

H 30–200 cm Juni–Aug. Strauch ☠

Früher wurden Stängel und Jungtriebe von den Kräuterkundigen als harntreibendes und abführendes Mittel, bei Übelkeit, chronischer Bronchitis, Asthma und Hautkrankheiten verordnet. Wegen der giftigen Alkaloide ist der Nachtschatten nur noch in Form von Fertigpräparaten gegen Ekzeme und in der Homöopathie von Bedeutung.

Vorkommen *Gräben, Gebüsche, Ufer, Auwälder. Auf nassen bis feuchten Böden. Europa, Asien, Nordafrika.*

> ***Stängel nur am Grunde verholzt***
> ***Zweige windend oder mit den Blättern verhakt***

Kleines Immergrün

Vinca minor (Hundsgiftgewächse)

H 15–20 cm April–Mai Staude ☠

Die Droge enthält das Alkaloid Vincamin. Es wird in Form von Fertigpräparaten von der Schulmedizin gegen Durchblutungsstörungen in Gehirn und Innenohr verordnet. Die Volksheilkunde setzte das Kraut äußerlich gegen Blutergüsse, Ekzeme und zum Gurgeln ein. Auch bei Gedächtnisschwäche wurde es verwendet. Von einer Selbstmedikation wird abgeraten.

Vorkommen *Laubwälder. Auf nährstoffreichen Böden. Europa, Westasien, auch aus Gärten verwildert.*

> ***immergrün***
> ***Stängel kriechend, bildet an den Knoten Wurzeln***

Kornblume

Centaurea cyanus/Cyanus segetum (Korbblütengewächse)

H 30–60 cm Juni–Okt. einjährig

Vorkommen *Getreidefelder, Schuttplätze. Vorwiegend auf leichten Böden. Heimat westliches Mittelmeergebiet.*

- ***mit dem Getreideanbau verbreitet***
- ***Blütenkörbchen einzeln stehend***
- ***Stängel weiß-filzig behaart***

Die hübschen tiefblauen Blüten der Kornblume dürfen heute allenfalls als schmückende Beigabe anderen Tees eine besondere Note verleihen. Als die Getreidefelder noch nicht so stark gespritzt wurden, nutzte man die verbreitete Pflanze als Hausmittel gegen Appetitlosigkeit, bei Verdauungsstörungen, um Schleim zu lösen und gegen Kopfschuppen.

Gewöhnliche Wegwarte

Cichorium intybus (Korbblütengewächse)

H 30–150 cm Juli–Okt. Staude

Vorkommen *Weg- und Straßenränder, Ödland, Bahndämme. Auf nährstoffreichen Böden. Europa, Asien.*

- ***locker verzweigte Pflanze***
- ***bei Verletzung tritt Milchsaft aus***
- ***Blütenköpfchen nur vormittags geöffnet***

Die großen Zeiten des Zichorienkaffees aus der gerösteten Wurzel sind sicher vorbei. Früher diente er als koffeinfreier Ersatz für den teuren Bohnenkaffee. Die Wurzel hat immer noch eine gewisse Bedeutung als Appetitanreger, harntreibendes und die Verdauung förderndes Mittel. In der Bachblütentherapie soll Chicory Eltern dabei helfen, ihre Kinder loszulassen.

Echter Safran

Crocus sativus (Schwertliliengewächse)

H 10–30 cm   Sept.–Nov.   Staude

Safranfäden bestehen aus einem Griffelstück, das sich in drei Narbenäste gabelt. Safran ist zwar giftig, die in der Küche verwendeten, geringen Mengen sind aber unbedenklich. Er wird als homöopathisches Mittel nur in hoher Verdünnung gegen Krämpfe, bei Nasenbluten und Depressionen verwendet. Safran regt die Uterusmuskulatur an und wurde für Abtreibungen missbraucht – wegen der erforderlichen Dosen lebensgefährlich. Nicht verwenden in der Schwangerschaft, auch nicht als Gewürz.

***Vorkommen** Heimat vermutlich Südeuropa, Wildform unbekannt. Kultiviert vor allem in Spanien.*

- ***Blütenschlund behaart***
- ***Blätter schmal mit weißem Mittelstreifen***

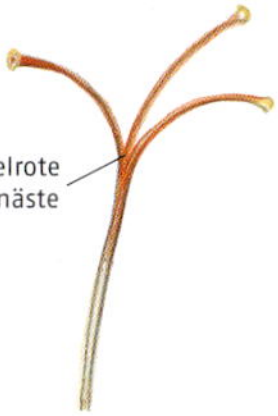

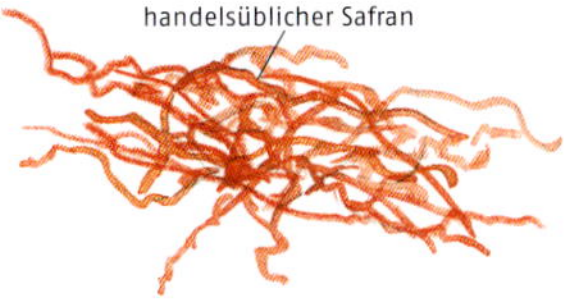

Schon gewusst?

Safran ist auch heute noch das teuerste Gewürz der Welt: Für 100 g Safran braucht man 20 000 Blüten. Diese müssen in Handarbeit gesammelt werden, denn keine Maschine kann die feinen Fäden ernten.

Wilde Artischocke

Cynara cardunculus (Korbblütengewächse)

H 50–150 cm April–Aug. zweijährig

***Vorkommen** Heimat Mittelmeergebiet oder Äthiopien, im gesamten Mittelmeergebiet angebaut.*

> ***Wildform der Gemüse-Artischocke***
> ***Blätter einfach bis stark eingeschnitten***

Während Hüllblätter und Blütenboden das bekannte Gemüse liefern, wird das Heilmittel aus den Grundblättern der noch nicht erblühten Pflanze gewonnen. Es wird in Form von Extrakten als verdauungsförderndes Mittel, vor allem jedoch zum Schutz der Leber verordnet. Ein mediterranes Hausmittel Kräuterbad empfiehlt Artischockensaft in Wein als Lebertonikum.

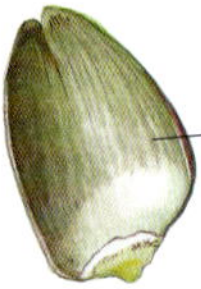

Gewöhnliches Leberblümchen

Hepatica nobilis var. nobilis (Hahnenfußgewächse)

H 5–15 cm März–April Staude ☠

***Vorkommen** Buchen- und Eichenwälder. Auf lockeren Lehmböden. Europa außer Westeuropa.*

> ***zeigt Kalk im Boden an***
> ***Blüten einzeln, bis 3,5 cm breit***
> ***Blätter wintergrün, erscheinen nach der Blüte***

Die Pflanze ist in frischem Zustand giftig und wird heute nur noch von der Homöopathie bei Bronchitis, Rachenkatarrh und Leberleiden verordnet. Da die Blattform an eine Leber erinnert, galt das Leberblümchen nach der Signaturenlehre als Heilmittel bei „verstopfter“ Leber und allen Arten von Leber-, Blasen- und Nierenleiden.

Deutsche Schwertlilie

Iris germanica (Schwertliliengewächse)
H 30–100 cm Mai–Juni Staude

Wegen der prächtigen Blüte und der seit der Antike gerühmten Heilkraft des Wurzelstocks befahl schon Karl der Große den Anbau in den Reichspfalzen. Auch im berühmten Klostergarten des Abtes Walahfrid auf der Insel Reichenau hatte die „Gladiola" einen festen Platz. Die Wurzel löst den Schleim bei Erkältungskrankheiten und hilft angeblich bei Brechreiz, Blähungen und Kreislaufschwäche. Heute wird sie nur noch in wenigen Fertigpräparaten, Kosmetika und für Spirituosen genutzt.

Vorkommen *Verwilderte Zierpflanze, Heimat wahrscheinlich östliches Mittelmeergebiet.*

> ***je Pflanze 3–5 kurz gestielte Blüten***
>
> ***3 Blütenblätter nach unten, 3 nach oben gerichtet***

Schon gewusst?

Der getrocknete Wurzelstock heißt „Veilchenwurzel" oder „Zahnwurzel". Früher gab man ihn zahnenden Kleinkindern zum darauf herumkauen, denn dies lindert die Schmerzen. Heute wird wegen der Infektionsgefahr durch Mikroorganismen dringend davon abgeraten.

Blauer Eisenhut

Aconitum napellus (Hahnenfußgewächse)
H 50–150 cm   Juni–Aug.   Staude   ☠

Vorkommen *Auwälder, Hochstaudenfluren, Bäche, Quellen. Gebirge von Süd- und Mitteleuropa.*

> ***Wurzel knollig verdickt***
> ***Blütenhelm etwa so hoch wie breit***
> ***zeigt Feuchte und Nährstoffe an***

Der Blaue Eisenhut ist eine tödlich giftige Pflanze. Besonders gefährlich ist, dass ihr Gift Aconitin durch Haut und Schleimhäute aufgenommen werden kann. Seit der Antike sind immer wieder Mordfälle überliefert – sogar die experimentierfreudigen Heilkundigen des Mittelalters waren sehr zurückhaltend mit ihrer Verordnung. Die moderne Medizin nutzt die Knolle zeitweise wieder und in der Homöopathie spielt sie noch heute eine Rolle bei Herzkrankheiten, entzündlichen Prozessen und Fieber.

Schon gewusst?

Eine Vergiftung mit Eisenhut äußert sich rasch durch Brennen im Mund, Kribbeln und Schweißausbrüche im Wechsel mit Kälte. Es kommt zu Übelkeit und Erbrechen. Rufen Sie sofort einen Notarzt und versuchen sie bis dahin, Erbrechen herbeizuführen.

Kriechender Günsel

Ajuga reptans (Lippenblütengewächse)
H 10–30 cm Mai–Aug. Staude

Der Günsel brachte es zwar nie zu großen Ehren in der Medizin, aber es sind einige Hausmittel überliefert. Angeblich half die Pflanze aber nur dann, wenn es bei Neumond vor Sonnenaufgang gepflückt wurde. Man nahm es bei Leber- und Gallenleiden, bei Mund- und Kehlkopfentzündungen und äußerlich zur Wundbehandlung.

Vorkommen *Wiesen, Rasen, Gebüsche, Wälder. Verbreitet. Nördliche Hemisphäre.*

> **Stängel 4-kantig, auf 2 Seiten behaart**
> **Blütenstand ährenartig**
> **bildet beblätterte Ausläufer**

Acker-Rittersporn

Consolida regalis (Hahnenfußgewächse)
H 20–40 cm Mai–Aug. einjährig ☠

Der Ackerrittersporn enthält giftige Alkaloide, die allerdings in den Blüten nur in geringer Konzentration vorkommen. Daher wurden nur die Blüten als harntreibendes Mittel, in der Volksheilkunde auch zur Blutreinigung verwendet. Heute spielen sie allenfalls als schmückender Bestandteil in anderen Tees eine Rolle.

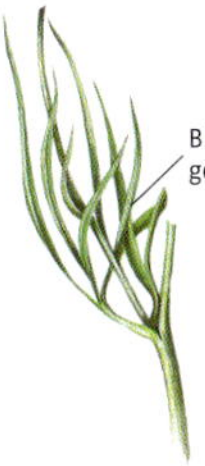

Vorkommen *Getreidefelder, Wegränder. Auf nährstoffreichen, kalkhaltigen Böden. Fast ganz Europa, Westasien.*

> **Ausbreitung mit dem Getreideanbau**
> **Sporn 15–30 mm lang, mit Nektarblättern**

Stephanskraut

Delphinium staphisagria (Hahnenfußgewächse)

H 30–100 cm   Mai–Aug.   einjährig ☠

Vorkommen *Immergrüne Gebüsche, Unkrautbestände. Mittelmeergebiet.*

> ***Pflanze behaart***
> ***Blüten in hohen, lockeren Blütenständen***

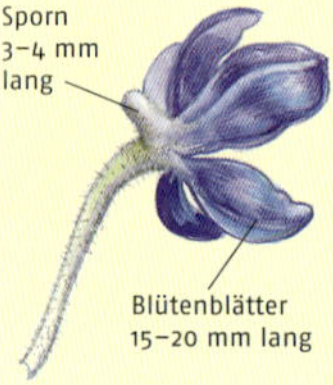

Anders als beim nahe verwandten Acker-Rittersporn werden vom Stephanskraut die getrockneten Samen genutzt. Sie enthalten giftige Alkaloide und waren Bestandteil von schmerz- und krampflösenden Mitteln. In der Volksheilkunde nutzte man sie bei Zahnschmerzen und als „Läusekörner" gegen Ungeziefer.

Türkischer Drachenkopf

Dracocephalum moldavicum (Lippenblütengewächse)

H 30–70 cm   Juli–Aug.   einjährig

Vorkommen *Heimat Sibirien bis Himalaja, in Ost- und Mitteleuropa als Nutzpflanze kultiviert.*

> ***Pflanze riecht aromatisch, melisseartig***
> ***Blüten zu dichten Scheinähren vereint***

Da der Drachenkopf erst im 16. Jahrhundert über Konstantinopel nach Europa kam, taucht er weder in antiken noch mittelalterlichen Kräuterautoren auf. Die getrockneten oberirdischen Teile dienen sowohl als Gewürz (Melissenersatz) wie auch als Heilpflanze. Sie fördert die Verdauung, beruhigt und wirkt krampflösend.

Gewöhnlicher Gundermann

Glechoma hederacea (Lippenblütengewächse)

H 10–40 cm April–Juni Staude

Der Gundermann oder die Gundelrebe war schon den Germanen als Heilpflanze (Atemwege, Verdauung, Wechselfieber) bekannt. Hildegard von Bingen nahm dieses Wissen wieder auf und empfahl ihn bei „mancherlei Kopfleiden“ als Mus, Getränk und Umschlag. Das Kraut wurde in der Volksheilkunde bei Magen- und Darmkatarrhen, bei Durchfall, Husten und Bronchialerkrankungen empfohlen. Äußerlich als Waschung sollte es bei schlecht heilenden Wunden und Hautleiden helfen.

Vorkommen *Wiesen, Auwälder, Waldränder, Hecken. Auf nährstoffreichen Böden. Europa, Asien.*

> ***Pionierpflanze***
> ***wintergrün***
> ***Stängel niederliegend, an den Knoten bewurzelt***

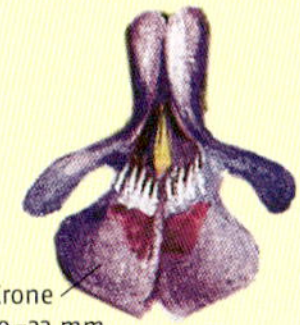

147

Gesundheits-Tipp

Tee gegen Magenverstimmung und Appetitlosigkeit: Pro Tasse 1–1½ TL des blühenden, getrockneten Krautes mit kochendem Wasser übergießen, 5 Minuten ziehen lassen, abseihen und sofort trinken.

Gewöhnlicher Natternkopf

Echium vulgare (Raublattgewächse)

H 25–100 cm Mai–Juli zweijährig ☠

Vorkommen *Unkrautbestände, Wege, Ödland, Schuttflächen. Auf steinig-sandigen Böden. Europa, Kleinasien, Nordwestafrika.*

> ***im 1. Jahr nur Blattrosette***
> ***Blütenstand bis 50cm hoch***
> ***Staubblätter und Griffel weit herausragend***

Die Blüten des Natternkopfes wurden von dem englischen Kräuterarzt W. Coles (1656) als Heilmittel gegen Schlangenbisse empfohlen, da die Blüten einem Schlangenkopf gleichen (Signaturenlehre). In der mitteleuropäischen Volksheilkunde verordnete man die getrockneten Wurzeln bei Epilepsie und schlecht heilenden Wunden.

Ysop

Hyssopus officinalis ssp. *officinalis* (Lippenblütengewächse)

H 20–80 cm Juli–Okt. Staude

Vorkommen *Felsen, Schutt, Garigue. Mittelmeergebiet, Schwarzes Meer.*

> ***Halbstrauch, an der Basis verholzt***
> ***aromatisch duftend***
> ***Blätter mit Öldrüsen***

Der Ysop wurde bereits in der Bibel erwähnt – das Kraut diente zur Reinigung der Aussätzigen. In der Volksheilkunde nutzte man es bei Halsentzündungen, Heiserkeit und vielen anderen Krankheiten von Asthma über Kreislaufschwäche bis hin zu Augenschmerzen. Da das ätherische Öl nicht unbedenklich ist, sollte man den Ysop nur in geringsten Mengen zu sich nehmen.

Echter Lavendel

Lavandula angustifolia ssp. *angustifolia* (Lippenblütengewächse)

H 50–100 cm Juli–Sept. Strauch

Wer in der Provence kurz vor der Erntezeit die langen Reihen der Lavendelsträucher – und die vielen Produkte in den Andenkenläden – gesehen hat, dürfte diese Droge wohl nie mehr vergessen. Der Blütentee gilt als entspannend, fördert den Appetit, soll Magen, Darm und Nerven beruhigen sowie das Einschlafen fördern. Daher wird Lavendel in „Schlafkissen“ eingenäht. Das gereinigte Öl wird in der Kosmetikindustrie und als Einreibemittel gegen Rheuma oder als Badezusatz genutzt.

Vorkommen *Felsen, Garigue. Heimat Südeuropa. im Norden vielfach kultiviert als Nutz- und Zierpflanze.*

> ***aromatisch duftender, kompakter Strauch***

> ***Blütenstand auf langem Stiel, überragt den Strauch***

Gesundheits-Tipp

Beruhigungsbad mit Lavendel: 50–60 g Blüten werden mit 1 l Wasser übergossen und zum Sieden gebracht. Der Sud muss 10 Minuten stehen und wird durch ein Sieb ins warme Badewasser gegossen; danach ins Bett legen.

Großer Lavendel

Lavandula latifolia (Lippenblütengewächse)
H 50–100 cm   Juli–Sept   Strauch

Vorkommen *Immergrüne Gebüsche, Macchien. Südeuropa bis Balkan.*

> ***kompakter Strauch, duftet nach Kampfer***
> ***Tragblätter der Blüten lanzettlich***

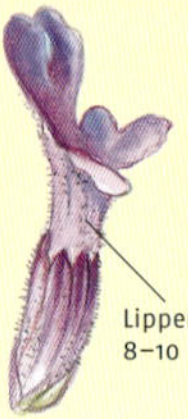

In älteren Kräuterbüchern wird diese Pflanze auch als Großer Speik oder Spikenarde bezeichnet. Heilkräftig ist vor allem das ätherisches Öl, das aus den Blüten gewonnen wird. Es ist in Fertigpräparaten gegen Katarrhe der Atemwege und Rheumamitteln zur Einreibung enthalten. Pfarrer Kneipp empfiehlt Lavendelöl tropfenweise auf Zucker zur besseren Verdauung.

Gewöhnliches Fettkraut

Pinguicula vulgaris (Wasserschlauchgewächse)
H 5–15 cm   Mai–Juni   Staude

Vorkommen *Quell- und Flachmoore. Quellhorizonte auf nassen Böden. Europa, Asien, Nordamerika.*

> ***Insekten fressende Pflanze***
> ***Blätter klebrig, in grundständiger Rosette***

Das Fettkraut fängt und verdaut Insekten, um seinen Stickstoffhaushalt zu verbessern. Die Blätter werden selten in der Volksheilkunde verwendet – bei anhaltendem Husten und Erkältungen. Die Inhaltsstoffe wie z. B. die Verdauungsenzyme der Blätter rechtfertigen diese Nutzung aber nicht. Möglicherweise übertrug man die Heilkraft des Sonnentaus auf das Fettkraut.

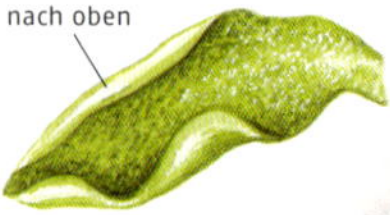

Bitteres Kreuzblümchen

Polygala amara (Kreuzblumengewächse)

H 5–15 cm Mai–Juni Staude

In dem mittelalterlichen Kräuterbuch von Lonicerus wird die Kreuzblume empfohlen, um die Milchleistung von Kühen zu steigern. Sie war also nicht nur Heilkraut, sondern wurde auch dem Vieh ins Futter gemischt. Weiterhin wurde die Pflanze bei Husten und zur Anregung der Verdauung, bei Hautausschlägen und Wunden verordnet.

Vorkommen *Magerrasen, Moorwiesen, Quellhorizonte. Auf kalkreichen Böden. Mittel- und Südosteuropa.*

> ***3 verwachsene Kronblätter, unteres mit fransenartigen Zipfeln***

> ***Tragblätter nicht länger als Blütenstiel***

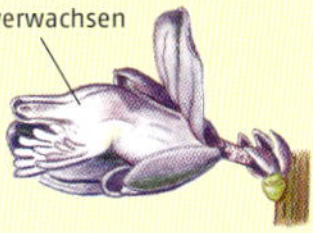

Rosmarin

Rosmarinus officinalis (Lippenblütengewächse)

H 50–200 cm Jan.–Dez. Strauch

Wollte man alle Anwendungsbereiche des Rosmarins schildern, ließen sich viele Seiten füllen. Das ätherische Öl soll die Durchblutung bei Rheuma und Nervenschmerzen fördern, die Verdauung anregen sowie Blähungen und Krämpfe lindern. Früher wob man Rosmarin als Glücksbringer in Brautsträuße ein. Nicht verwenden in der Schwangerschaft.

Vorkommen *Immergrüne Gebüsche. Mittelmeergebiet, weiter verbreitet als Heil- und Zierpflanze.*

> ***immergrüner, stark duftender Strauch***

> ***Blätter nach unten umgerollt***

Echter Salbei

Salvia officinalis (Lippenblütengewächse)
H 20–70 cm Mai–Juli Strauch

Vorkommen *Heimat Mittelmeergebiet, verbreitet als Gewürz- und Heilpflanze kultiviert.*

- ***beim Zerreiben aromatisch duftend***
- ***Halbstrauch, unten verholzt***
- ***Zweige filzig behaart***

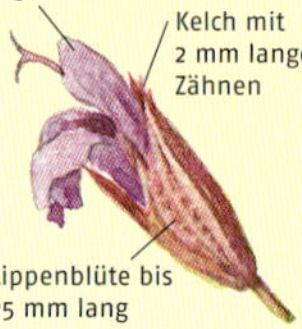

Salvia leitet sich vom lateinischen salvare = „heilen" ab. Schon griechische und römische Ärzte kannten die blutstillende, harntreibende und blähungstreibende Wirkung der Blätter. Sie wirken antibakteriell, lösen Krämpfe und mindert die Schweißbildung. Salbei ist beliebt zum Gurgeln bei Entzündungen im Mund- und Rachenraum und als Zusatz in Zahnpasten und Mundwässern. Die Blätter enthalten ätherisches Öl mit dem giftigen Thujon. Nicht verwenden in der Schwangerschaft, nicht überdosieren.

Gesundheits-Tipp

Tee gegen Völlegefühl und Blähungen: Pro Tasse 1 TL zerkleinerter Blätter mit kochendem Wasser übergießen. 10–15 Minuten bedeckt stehen lassen und abseihen. 3–4 Tassen täglich trinken, zum Gurgeln 1–2 TL pro Tasse.

Griechischer Salbei

Salvia fruticosa (Lippenblütengewächse)

H 30–150 cm März–Juni Strauch

Die Blätter enthalten ätherisches Öl mit anderen, wenn auch ähnlichen Inhaltsstoffen wie Echter Salbei, insbesondere aber mit geringerem Thujongehalt. Bedingt durch die Verbreitung der Pflanze wurde Sie vor allem im östlichen Mittelmeergebiet verwendet. Salbei dient als Entzündung hemmendes Gurgelmittel im Mund- und Rachenraum.

Vorkommen *Macchie, Garigue. Griechenland, Kreta, Zypern, Türkei.*

- ***duftet beim Zerreiben etwas nach Eukalyptus***
- ***Zweige graufilzig behaart***
- ***Blätter sehr dicht behaart***

Muskateller-Salbei

Salvia sclarea (Lippenblütengewächse)

H 30–120 cm Mai–Aug. zweijährig

Der Name geht auf die Praxis zurück, Weißwein durch Zusatz dieser Pflanze das Aroma der Muskatellertraube zu verleihen. Das Kraut wird nur in der Volksheilkunde genutzt. Es soll die Verdauung fördern, Menstruationsbeschwerden lindern und bei Kopfschmerzen, Krämpfen und Nierenbeschwerden helfen. Äußerlich angewendet bei entzündeten Wunden.

Vorkommen *Mittelmeergebiet, Südostasien, als Gewürz- und Heilpflanze in warmen Lagen in Mitteleuropa kultiviert.*

- ***aromatisch duftend***
- ***Blätter unten in Rosetten, fast herzförmig***
- ***Tragblätter der Blüten groß, violett überlaufen***

Wildes Stiefmütterchen

Viola tricolor (Veilchengewächse)

H 10–40 cm April–Sept. einjährig bis Staude

Vorkommen *Wegränder, Hänge, Wiesenränder, Ödland. Fast ganz Europa.*

- > ***Blüten bis 3 cm groß, dreifarbig***
- > ***Pflanze nur unten verzweigt***

In einem alten irischen Kräuterbuch heißt es, Stiefmütterchen lindere krampfartige Zuckungen von Kindern und helfe bei Fieber und Entzündungen. Die Schulmedizin hält dagegen wenig von dem Kraut, weil es keine pharmazeutisch wirksamen Substanzen enthält. In der Volksheilkunde gilt es als wirksam bei Akne, Hautunreinheiten und Schuppen. Stiefmütterchen-Tee soll das Blut reinigen, Fieber senken und Halsentzündungen lindern. Homöopathische Präparate werden bei Ekzemen verordnet.

Gesundheits-Tipp

Tee bei rauem Hals und zur Vorbeugung gegen Erkältungskrankheiten: Pro Tasse 2 TL des Krautes mit kochendem Wasser übergießen. Nach 10 Minuten abseihen und mehrmals täglich eine Tasse trinken. Zugabe von Lindenblüten und Süßen mit Honig ist möglich.

März-Veilchen

Viola odorata (Veilchengewächse)

H 5–10 cm März–April Staude

Die Blüten enthalten ätherisches Öl, das Kraut und die Wurzel Schleimstoffe und Alkaloide. Wurzel und Kraut lösen Schleime und werden daher in der Volksheilkunde bei Husten verwendet. Sehr beliebt war der so genannte blaue Veilchensirup aus den Blüten. Er wurde löffelweise als Hustenmittel eingenommen. Veilchen ist als schmückender Zusatz in anderen Tees enthalten.

Vorkommen *Waldränder, Hecken, Wegraine, meist in Siedlungsnähe. Heimat Mittelmeergebiet, Südostasien.*

> ***Blüten einzeln auf 3–7 cm langen Stielen***
> ***alle Blätter grundständig***
> ***oberirdische Ausläufer***

Mönchspfeffer

Vitex agnus-castus (Lippenblütengewächse)

H 1–6 m Juni–Nov. Strauch

Mönchspfeffer trägt auch den Namen „Keuschlamm", weil die Früchte im Mittelalter von den Mönchen gekaut wurden – sie wollten damit ihren Geschlechtstrieb mäßigen. Ein Fruchtextrakt ist in modernen Arzneimitteln enthalten, die Beschwerden bei der Monatsblutung lindern. Die Volksheilkunde nutzt die Blätter bei Fieber.

Vorkommen *Flussufer, feuchte Standorte. Mittelmeergebiet bis Nordindien.*

> ***sommergrün***
> ***Blüten blau, violett oder rosa***
> ***rötlich schwarze, 0,5 cm lange Beerenfrucht***

Schwarzer Senf

Brassica nigra (Kreuzblütengewächse)

H 50–100 cm Juni–Sept. einjährig

Vorkommen *Äcker, Ödland, Schuttplätze, Wegränder. Vorwiegend auf nassen Böden. Heimat Süd- und Westeuropa, weltweit verwildert.*

> ***4 Kelchblätter aufrecht abstehend***
> ***Blätter gestielt, untere tief eingeschnitten mit großem Endabschnitt***

Die eher dunkelbraun als schwarz gefärbten Senfsamen liefern den Grundstoff für Speisesenf. Senf wirkt antibakteriell, fördert die Durchblutung und regt Appetit und Verdauung an. Anwendungen in der Volksheilkunde benutzen Senfumschläge gegen Rheuma und Nervenschmerzen. Betroffene Stellen dürfen nicht zu lange behandelt werden, sonst entzündet sich die Haut.

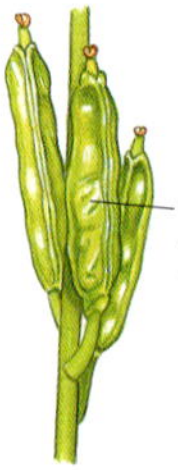

Wildkohl

Brassica oleracea var. *oleracea* (Kreuzblütengewächse)

H 30–250 cm Mai–Sept. zweijährig

Vorkommen *Westliches Mittelmeergebiet, Helgoland.*

> ***Stammart aller Kultur-Kohlformen***
> ***stark vergrößerte Endknospe als „Kohlkopf"***

Wildkohl und seine Sorten gehören zu den ältesten Gemüsen der Welt. Nach griechischer Mythologie ist Kohl aus dem Schweiß von Zeus entstanden. Der frische Presssaft aus den Blättern soll Geschwüre in Magen und Zwölffingerdarm heilen. Bei offenen Geschwüren und Wunden legte man zerquetschte Kohlblätter auf, Sauerkraut dagegen hilft bei Verstopfung.

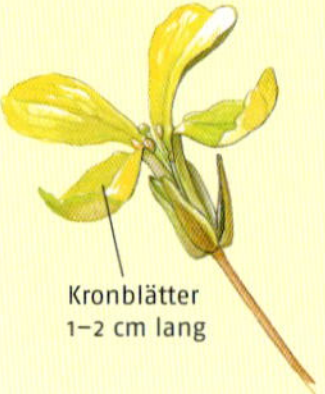

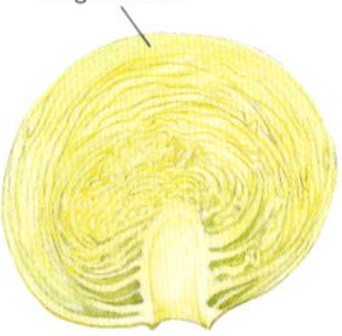

Gewöhnliches Schöllkraut

Chelidonium majus var. *majus* (Mohngewächse)

H 30–70 cm April–Okt. Staude ☠

Da das Kraut verschiedene Alkaloide enthält, wird es zu den schwach giftigen Pflanzen gezählt. Eine seit der Antike überlieferte Nutzung basiert auf einem Bericht von Plinius: Er wollte gesehen haben, dass Schwalben (griechisch chelidon) mit dem Milchsaft ihre blinden Jungen sehend machten. In der Volksheilkunde benutzt man den frischen Milchsaft, um Warzen zu entfernen. Die Schulmedizin verordnet Medikamente auf Schöllkraut-Basis bei Leber- und Gallenleiden.

Vorkommen *Wege, Hecken, Waldränder, Gärten. Auf nährstoffreichen Lehmböden. Ganz Europa und Asien.*

> ***Blätter gefiedert mit ovalen Abschnitten***
> ***Kapselfrucht schotenartig***
> ***zwei hellgelbe Kelchblätter***

Gesundheits-Tipp

Wegen der Giftigkeit darf man das Kraut nur nach Rücksprache mit dem Arzt nutzen. Für die äußere Anwendung bei Hautkrankheiten bereitet man einen Aufguss aus 2 TL des Krautes. 10 Minuten ziehen lassen und als Umschlag auf die Haut auftragen.

Goldlack

Erysimum cheiri (Kreuzblütengewächse)

H 20–80 cm Mai–Juni Staude ☠

Vorkommen *Heimat östliches Mittelmeergebiet, als Gartenpflanze nach Europa eingeführt und verwildert.*

> **am Grund oft verholzt**
> **Blüte duftend**
> **Kulturformen mit anderen Blütenfarben**

Goldlack wurde in Burggärten gepflanzt und wächst daher gelegentlich verwildert auf alten Burgbergen. Nach Hippokrates nutzten die Griechen das Kraut bei Gebärmutterentzündung. In der Volksheilkunde dienten die Blüten zur Blutreinigung, als Abführmittel, bei Leber- und Herzleiden, sowie zur Förderung der Menstruation. Heute nur noch als homöopathisches Präparat im Handel.

Schlafmützchen

Eschscholzia californica (Mohngewächse)

H 30–50 cm Juni–Okt. ein- bis zweijährig

Vorkommen *Heimat Kalifornien, als Gartenpflanze nach Europa eingeführt und im Mittelmeergebiet verwildert.*

> **Pflanze kahl, graugrün**
> **Kelchblätter vor der Blüte erinnern an eine Mütze**
> **Zierformen auch rot blühend**

Obwohl das Schlafmützchen relativ spät und als Zierpflanze eingeführt wurde, gibt es volksheilkundliche Anwendungen: Es soll bei Schlafstörungen (auch als homöopathisches Präparat), Schmerzen, erregten Nerven und Krämpfen helfen. Die Schulmedizin wendet *Eschscholzia* in Kombination mit anderen Wirkstoffen bei denselben Indikationen an.

Echtes Labkraut

Galium verum (Rötegewächse)

H 30–60 cm   Juni–Sept.   Staude

Ein Eiweiß aus dem blühenden Kraut bringt Milch zum Gerinnen. Daher wurde Labkraut für die Käseherstellung genutzt – als Nebeneffekt wurde der Käse kräftig gelb gefärbt. Das duftende Stroh streute man früher auf den Fußboden. Für Labkraut sind unterschiedliche Anwendungen aus der Volksheilkunde bekannt. In Frankreich galt es als Mittel gegen Epilepsie, in Irland gegen Verbrennungen und Hautleiden. Auch als harntreibendes Mittel und bei Katarrhen ist Labkraut bekannt.

Vorkommen *Wiesen und Weiden, Moorwiesen, Wegränder. Auf kalkhaltigen Böden. Europa, Vorderasien, Nordamerika.*

- ***Blüten in dichtem Blütenstand***
- ***Blüten duften nach Honig***
- ***Stängel 4-kantig***

Gesundheits-Tipp

Labkrautbad gegen schmerzende, angeschwollene Knöchel: 100 g Labkraut in 3 l Wasser etwa 5 Minuten lang kochen, dann durch ein Sieb in ein Vollbad gießen.

Virginische Zaubernuss

Hamamelis virginiana (Zaubernussgewächse)

H 2–8 m Okt.–Febr. Strauch

Vorkommen *Laubwälder von Nordamerika, als Zierbaum nach Europa eingeführt.*

> ***sommergrün***
> ***Blüten zusammen mit den Früchten des Vorjahres***

Die nordamerikanischen Indianer nutzten die Rinde zur Wundheilung, bei Durchfall, Menstruationsbeschwerden und Entzündungen im Mund- und Rachenraum. In Europa ist der Strauch als Ziergehölz bekannt. Blatt- und Rindenextrakte enthalten Gerbstoffe und werden in Form von Fertigpräparaten bei kleinen Haut- und Schleimhautverletzungen verordnet.

Lorbeerbaum

Laurus nobilis (Lorbeergewächse)

H 2–20 m März–April Strauch oder Baum

Vorkommen *Wälder des Mittelmeergebietes, nördlich der Alpen als Kübelpflanze.*

> ***immergrün***
> ***männliche und weibliche Blüten auf unterschiedlichen Pflanzen***

In der Antike war der Lorbeer Apoll und Äskulap geweiht, den Göttern der Heilkunst. Er stand weit über das Mittelalter hinaus in hohem Ansehen. Heute werden die Blätter als verdauungsförderndes Küchengewürz, das Öl in der Kosmetikindustrie verwendet. In der Volksheilkunde galt Lorbeer als heilend bei Rheuma und Magenbeschwerden.

Gewöhnliche Nachtkerze

Oenothera biennis (Nachtkerzengewächse)
H 50–200 cm   Juni–Aug.   zweijährig

Die Samen der Nachtkerze enthalten ein sehr wertvolles Öl. Es enthält bis zu 14 % Gamma-Linolensäure – eine Fettsäure – und wird in Fertigprodukten gegen Neurodermitis verordnet. Vermutet wird außerdem eine Senkung der Cholesterinwerte (Arteriosklerose-Prophylaxe) und eine Linderung des prämenstruellen Syndroms (PMS). Die Blätter gelten als Mittel gegen Durchfall.

Vorkommen *Heimat Nordamerika, in Europa verwildert auf Schuttplätzen, Ödland, Bahndämmen.*

> ***im 1. Jahr nur Blattrosette***
> ***Blütenöffnung mit bloßem Auge sichtbar***

Aufrechtes Fingerkraut

Potentilla erecta (Rosengewächse)
H 10–30 cm   Mai–Aug.   Staude

Die Wurzel des Fingerkrautes zeichnet sich durch einen hohen Gehalt an Gerbstoffen aus. Sie wird seit alters sowohl von der Volksheilkunde als auch von der Schulmedizin und der Homöopathie genutzt. Die Wurzel wirkt innerlich und äußerlich blutstillend und zusammenziehend, sie hilft auch bei Durchfällen.

Vorkommen *Heiden, Magerrasen, Flachmoore, lichte Wälder. Nord- und Mitteleuropa, Nordasien.*

> ***Stängel niederliegend bis aufsteigend***
> ***Blätter 3-zählig, aber mit 2 großen Nebenblättern***

Echter Kreuzdorn

Rhamnus cathartica (Kreuzdorngewächse)

H 1–3 m Mai–Juni Strauch ☠

Vorkommen *Hecken, Waldränder. Meist auf kalkhaltigen Böden. Europa, Nordafrika, Asien.*

> ***Blüten in dichten Blütenständen in den Blattachseln***
> ***Blüten auch 5-zählig***
> ***Blätter gegenständig***

Erste Nennungen des Kreuzdorns stammen aus der griechischen Antike und der angelsächsischen, vornormannischen Zeit in England. Im Volksglauben galt der Kreuzdorn als sicheres Mittel gegen Dämonen und Hexen. Die Beeren des Strauches enthalten einen Wirkstoff, der Durchfall hervorruft, sind also ein Mittel gegen Verstopfung. In der Volksheilkunde trank man einen Tee aus den Früchten, um das Blut zu reinigen. Die Homöopathie verordnet die Früchte bei Magen- und Darmbeschwerden.

Gesundheits-Tipp

Abführender Tee, wegen Nebenwirkungen nur nach Rücksprache mit dem Arzt oder Apotheker: Pro Tasse 1/2 TL zerkleinerter Beeren mit kochendem Wasser übergießen. 10–15 Minuten ziehen lassen und abseihen. 1 Tasse täglich trinken.

Wein-Raute

Ruta graveolens (Rautengewächse)
H 30–50 cm Juni–Aug. Staude ☠

Der deutsche Name steht für den Brauch, minderwertige Weine mit Raute zu „schönen". Wein-Raute war bereits in der Antike bekannt und angeblich Bestandteil des sagenhaften Mithridat, eines Elixiers gegen jegliches Gift. Karl der Große empfahl ihren Anbau – sie ist Heilmittel bei Krämpfen, Entzündungen im Mund- und Rachenraum, bei Leber-, Gallen- und Menstruationsbeschwerden. Das Öl wurde zu Abtreibungen missbraucht. Nicht verwenden in der Schwangerschaft und bei empfindlicher Haut.

Vorkommen *Heimat östliches Mittelmeergebiet, sonst aus Gärten verwildert auf Schuttplätzen, Mauern, Weinbergen.*

> ***Blätter blaugrün***
> ***Pflanze duftet aromatisch***
> ***Endblüte der Dolde 5-zählig***

Gesundheits-Tipp

Beruhigende Teemischung (von Weinraute allein wird abgeraten): Zu gleichen Teilen Wein-Raute, Baldrian, Melisse und Weißdornblüten mischen. Pro Tasse 1 gehäuften TL mit warmem Wasser übergießen und bedeckt 10 Stunden ziehen lassen.

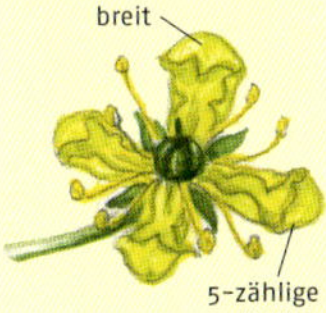

Weißer Senf

Sinapis alba (Kreuzblütengewächse)
H 30–60 cm   Juni–Sept.   einjährig

Vorkommen *Heimat Mittelmeergebiet, aus Kultur verwildert auf Äckern, Ödland.*

> ***Schote behaart, langer Schnabel unbehaart***
> ***Kelchblätter abstehend***

Kronblätter
7–10 mm lang

Aus den hellen Samen des Weißen Senfs wird milder Senf bereitet. Der Senfanbau nördlich der Alpen ist seit dem 9. Jahrhundert belegt. Ein Breiumschlag aus Senfpulver fördert die Durchblutung und wird als Hausmittel bei Atemwegskatarrhen und Rheuma angewandt. Nach der Bachblütentherapie bringt Mustard Farbe und Licht in den Alltag.

Blätter
unregelmäßig
gezähnt

Samen liefern
Senfpulver

Weg-Rauke

Sisymbrium officinale (Kreuzblütengewächse)
H 30–60 cm   Mai–Okt   einjährig   ☠

Vorkommen *Straßenränder, Unkrautflächen, Ödland, Schuttplätze. Europa, Asien.*

> ***verbreitete Pionierpflanze***
> ***untere Blätter bis zur Mittelrippe geteilt***
> ***Blüten in steif abstehendem Blütenstand***

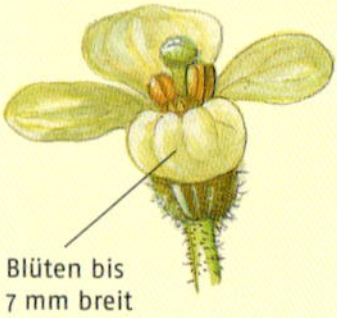

Blüten bis
7 mm breit

Das unscheinbare Kraut enthält in den frischen Triebspitzen herzwirksame Glykoside, die in Überdosierung gefährlich werden könnten. In der Volksheilkunde wird die Weg-Rauke gegen Heiserkeit, Rachenentzündungen, Bronchitis und Entzündungen der Gallenblase empfohlen. Das homöopathische Präparat gilt als wirksam gegen Heiserkeit.

Schoten eng
angedrückt

Schoten
8–20 mm lang

Traube nach
der Blüte
verlängert

Kleiner Odermennig

Agrimonia eupatoria (Rosengewächse)

H 30–100 cm   Juni–Sept.   Staude

Antike Autoren setzen den Odermennig in Beziehung zu König Mithridates Eupator von Pontus, der ihn einem Trank gegen Vergiftungen beimischte. Da mittelalterliche Autoren sich an den alten Autoritäten orientierten, schrieben sie dem Kraut eine Vielzahl von Wirkungen zu. Letztlich hat sich aber nur die Nutzung der Gerbstoffe durchgesetzt: bei leichtem Durchfall, als Gurgelmittel bei Entzündungen im Mund- und Rachenraum, bei Bettnässen und äußerlich bei Hautentzündungen.

Vorkommen *Hecken, Wälder, Gebüsche, Magerrasen. Europa, Südwestasien, Nordafrika.*

> ***untere Blätter in einer Rosette***
> ***Stängel und Blätter behaart***

Früchte mit Haken

Kronblätter 4–6 mm lang

Blüten in langer Traube

Blätter unregelmäßig gefiedert

Gesundheits-Tipp

Als Gurgelwasser bei Entzündungen im Mund- und Rachenraum: Pro Tasse 1/2 TL des blühenden Krautes mit kochendem Wasser übergießen. Nach 10–15 Minuten abseihen und frisch verwenden. 2–4-mal täglich gurgeln.

Dill

Anethum graveolens (Doldenblütengewächse)

H 40–120 cm   Juli–Aug.   einjährig

***Vorkommen** Heimat Mittelmeerraum bis Südwestasien, weltweit als Gewürzpflanze kultiviert.*

- > ***Pflanze duftet aromatisch***
- > ***Blätter stark gefiedert, nadelförmige Fiederblättchen***

Das charakteristisch schmeckende Blattgewürz gilt als magenberuhigend. Medizinisch werden aber die ölhaltigen Früchte genutzt. Sie regen die Verdauung an, treiben Blähungen und lösen Krämpfe. Im ägyptischen Papyrus Ebers (1550 v. Chr.) wird Dill gegen Kopfschmerzen empfohlen, in der Homöopathie bei Bluthochdruck.

Echte Engelwurz

Angelica archangelica (Doldengewächse)

H 120–250 cm   Juni–Aug.   Staude

***Vorkommen** Heimat Nord- bis Osteuropa, Westasien, in Mitteleuropa verwildert an Flussufern und Gräben.*

- > ***Blüten in halbkugeligen Dolden***
- > ***bauchig aufgetriebene Blattscheiden***
- > ***Stängel unten bis zu 10 cm dick***

Als Gewächs des Nordens war die Engelwurz weder Griechen noch Römern bekannt. In den Kräuterbüchern des 16. Jahrhunderts wird die in Essig eigelegte Wurzel als Mittel gegen die Pest und als Abwehrzauber erwähnt. Die Wurzel wird bei Appetitlosigkeit, Verdauungsstörungen und Blähungen, das Öl äußerlich für Einreibungen verordnet.

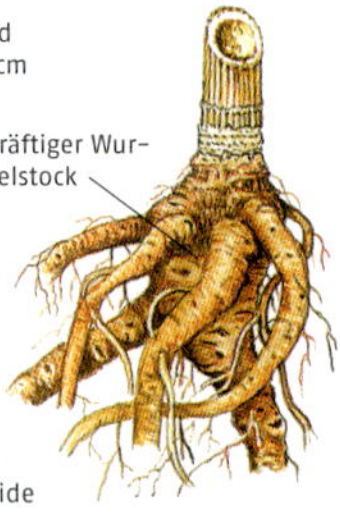

Bitter-Melone, Koloquinte

Citrullus colocynthis (Kürbisgewächse)

H 30–50 cm   Juni–Aug.   Staude ☠

Die getrockneten Früchte waren bereits den arabischen Ärzten als Abführmittel bekannt; sie verbreiteten die Koloquinte im Mittelmeerraum. Da die Früchte giftig sind, können sie sehr heftige Reaktionen des Darms auslösen. Sie werden heute nicht mehr verwendet. Früher bekämpfte man mit den Extrakten Wanzen und Motten.

Früchte bis 12 cm groß

Blätter 3–5-lappig oder eingeschnitten

***Vorkommen** Heimat südliches Mittelmeergebiet, Südwestasien und Indien.*

> ***Stängel über den Boden kriechend, behaart***
> ***wächst auch auf sehr sandigen Böden***

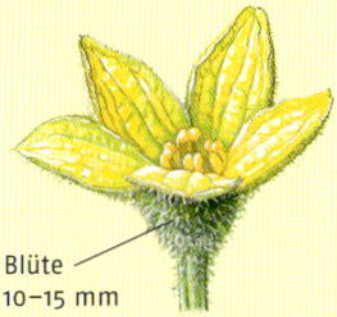

Blüte 10–15 mm breit

Meer-Fenchel

Crithmum maritimum (Doldengewächse)

H 40–60 cm   Juni–Aug.   Staude

Obwohl er heute nicht mehr als Heilpflanze in Erscheinung tritt, war der Meerfenchel in der Volksheilkunde der Küstenregionen lange als harn- und blähungstreibend bekannt. Der englische Kräuterarzt John Gerard empfiehlt ihn bei Nierensteinen. Wegen des Vitamin-C-Gehaltes wurde er auf Schiffen gegen Skorbut mitgenommen.

kleine Einzelblüten in einfachen Dolden

***Vorkommen** Felsige Küsten, Atlantik von Portugal bis Schottland, Mittelmeer bis Schwarzes Meer.*

> ***Pflanze fleischig***
> ***Blätter leuchtend grün***

Blätter tief eingeschnitten

Einzelblüten winzig

Fruchtknoten gerippt

Gemüse-Kürbis

Cucurbita pepo (Kürbisgewächse)
H bis 10 m kriechend   Juni–Okt.   einjährig

Vorkommen *Heimat Nord- und Mittelamerika, weltweit kultiviert.*

- ***zahlreiche Kultursorten mit abweichender Fruchtform***
- ***Stängel kriechend oder mit Ranken kletternd***
- ***männliche und weibliche Blüten auf einer Pflanze***

Schon Plinius erwähnt in seinen Schriften den „Kürbis". Allerdings kann es sich hier nicht um diese, aus Amerika stammende Art gehandelt haben. In deren Samen sind seltene Aminosäuren, Spurenelemente (Selen, Mangan), Vitamin E und andere Stoffe (Sterole) enthalten. Früher aß man große Mengen der Samen, um Eingeweidewürmer auszutreiben. Heute macht man sich ihre Wirkung zunutze, um bei einer gutartig vergrößerten Prostata die Beschwerden beim Wasserlassen zu lindern.

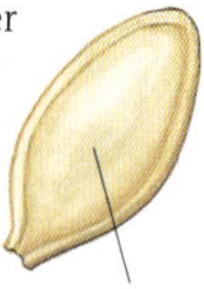

Gesundheits-Tipp

Als begleitende Therapie bei gutartig vergrößerter Prostata isst man morgens und abends je 1–2 EL der Samen, beispielsweise in Joghurt oder im Müsli.

Spritzgurke

Ecballium elaterium (Kürbisgewächse)

H 20–100 cm April–Okt. Staude ☠

Bereits Hippokrates empfiehlt die Spritzgurke als Abführmittel, weist aber deutlich auf die Nebenwirkungen hin: Entzündungen, Erbrechen und Magenschmerzen. Der Saft aus Wurzel oder Früchten wurde in der Volksheilkunde dennoch lange in diesem Sinn verwendet. Im Experiment hemmen die Inhaltsstoffe das Wachstum von Tumorzellen.

Vorkommen *Ödland, Wegränder. Mittelmeergebiet und Südosteuropa.*

> ***Pflanze steif behaart***
> ***Früchte werden bei Berührung weggeschleudert***
> ***männliche und weibliche Blüten auf derselben Pflanze***

Fenchel

Foeniculum vulgare (Doldengewächse)

H 50–200 cm Juli–Okt. einjährig oder Staude

Das ätherische Öl der Früchte löst den Schleim bei Husten und Erkältungskrankheiten und lindert Verdauungsbeschwerden. Fencheltee ist ein mildes Mittel, um Säuglingen mit Blähungen Linderung zu verschaffen. In der Volksheilkunde nahm man Fenchel auch, um den Milchfluss stillender Mütter anzuregen.

Vorkommen *Wildform im Mittelmeergebiet heimisch, weltweit kultiviert.*

> ***Blätter mit sehr schmalen Fiedern***
> ***Blütendolde flach ausgebreitet***

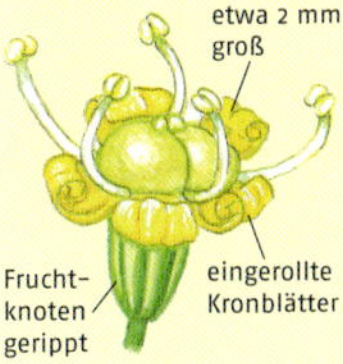

Echte Nelkenwurz

Geum urbanum (Rosengewächse)

H 30–120 cm Mai–Okt. Staude

Vorkommen *Wälder, Zäune, Wegränder, Ödland. Europa bis Westasien.*

> ***zeigt Nährstoffreichtum an***
> ***Stängel weich behaart***
> ***grüne Kelch- zwischen den etwa gleichlangen Kronblättern***

Im Mittelalter schrieb man der Nelkenwurz als herba benedicta = lateinisch „gesegnetes Kraut" vielerlei Heilwirkungen zu. Tatsächlich enthält die Wurzel mit Gerbstoffen und einem ätherischen Öl eher wenige Wirkstoffe, aber im Öl findet sich der Duftstoff der Gewürznelken. In der Volksheilkunde haben sich daher Nutzungen erhalten, die auf den Gerbstoffen basieren: Appetitlosigkeit, Verdauungsstörungen, Durchfall, Entzündungen im Mund- und Rachenraum und äußerlich bei Hautausschlägen.

Gesundheits-Tipp

Tee zum Gurgeln und bei Verdauungsstörungen: Pro Tasse 1 TL mit kochendem Wasser übergießen und 15 Minuten ziehen lassen. Abseihen und vor den Mahlzeiten trinken. Nicht überdosieren.

Kahles Bruchkraut

Herniaria glabra (Nelkengewächse)
H 5–30 cm Juni–Okt. einjährig oder Staude

Der deutsche Name geht auf eine frühe Nutzung zurück: Im 16. Jahrhundert wird die *Herniaria* als Heilmittel gegen Leistenbrüche genannt. Die oberirdischen Teile enthalten Gerbstoffe, Saponine und Flavonoide. Das Kraut löst Krämpfe und wird bei Blasenkatarrhen und Nierenleiden verordnet. In der Volksheilkunde nimmt man es zur Blutreinigung.

Vorkommen *Dünen, Wege, trockene Rasen, Bahndämme. Mitteleuropa, Nordafrika, Westasien.*

- > ***zeigt Sandboden an***
- > ***Stängel liegt flach dem Boden an***
- > ***Blütenstände in den Blattachseln***

171

Liebstöckel

Levisticum officinale (Doldenblütengewächse)
H 1–2 m Juli–Aug. Staude

Die aromatisch schmeckenden Blätter dienen heute vor allem als Suppengewürz. Die kräftige Wurzel war schon Hildegard von Bingen als Droge bekannt. Sie wirkt harntreibend und hilft bei Entzündungen der Harnwege, soll die Verdauung anregen, den Schleim bei Erkältungskrankheiten lösen und Menstruationsstörungen beheben. Nicht verwenden in der Schwangerschaft.

Vorkommen *Heimat Südwestasien, in Mitteleuropa aus Kulturen verwildert.*

- > ***Pflanze riecht kräftig nach Maggi-Würze***
- > ***Stängel rund, hohl, gerillt***
- > ***Blätter 2–3fach gefiedert***

Tüpfel-Hartheu, Johanniskraut

Hypericum perforatum (Johanniskrautgewächse)
H 30–60 cm   Juli–Aug.   Staude

***Vorkommen** Magere Weiden, Heiden, Brachflächen, Schuttplätze, Ödland. Europa, Asien.*

> ***Stängel mit 2 Längsleisten***
> ***zerquetschte Blüten bluten rot***
> ***wird kommerziell angebaut***

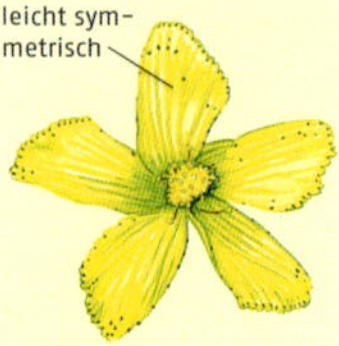

Beim Johanniskraut vermischen sich über die Zeiten zauberische und heilende Wirkung. Die Öldrüsen in den Blättern wurden als „Stiche des Teufels" interpretiert und der rote Farbstoff der gelben Blüten als „Johannisblut". Lange Zeit galt das Kraut als Mittel gegen Zauberer und Hexen. Heute gilt als gesichert, dass das Öl bei depressiven Zuständen hilft. In der Volksheilkunde nutzte man das Öl bei Hautverletzungen und Verbrennungen und das Kraut gegen Durchfall.

Gesundheits-Tipp

Hautöl gegen Sonnenbrand und leichte Verbrennungen: Etwa 25 g frische Blüten zerquetschen und mit 1/2 l Öl in einer durchsichtigen Flasche aufgießen. 3–5 Tage offen stehen lassen. Die Flasche verschließen und 5–6 Wochen in der Sonne stehen lassen, bis das Öl rot ist.

Pfennig-Gilbweiderich

Lysimachia nummularia (Primelgewächse)
H 10–50 cm Mai–Juli Staude

Der Namensgeber dieser Pflanze soll Lysimachos sein, ein griechischer Feldherr von Alexander dem Großen. Im Mittelalter hieß sie centimorbia, sollte also 100 Krankheiten heilen. Heute wird das Kraut allenfalls von der Volksheilkunde bei Husten, Durchfall, Rheuma, Ekzemen und zur Wundbehandlung verordnet.

Vorkommen *Feuchtwiesen, Auwälder, Ufer, Gräben, Wegränder. Auf feuchten Böden. Fast ganz Europa.*

- > ***Stängel niederliegend***
- > ***Blätter wintergrün***
- > ***Kelchblattzipfel rot punktiert***

Blüten lang gestielt

Blätter rundlich, 3 cm groß

Blüten 1–2,5 cm breit

Echter Gilbweiderich

Lysimachia vulgaris (Primelgewächse)
H 50–150 cm Juni–Aug. Staude

Diese Art des Gilbweiderichs stand nie in ähnlich gutem Ansehen wie ihr „kleiner Bruder", der Pfennig-Gilbweiderich. Immerhin wurde er in der Antike als Räuchermittel gegen Schlangen und Fliegen genutzt – so Dioskurides. Wegen der Gerbstoffe diente er in der Volksheilkunde als Durchfallmittel und sollte Skorbut verhindern.

Vorkommen *Gräben, Quellhorizonte, Auwälder, Moorwiesen. Auf nassen Böden. Fast ganz Europa, Asien, Nordafrika.*

- > ***Stängel aufrecht, behaart***
- > ***Blüten endständig oder in den oberen Blattachseln***
- > ***Kelchzipfel rötlich***

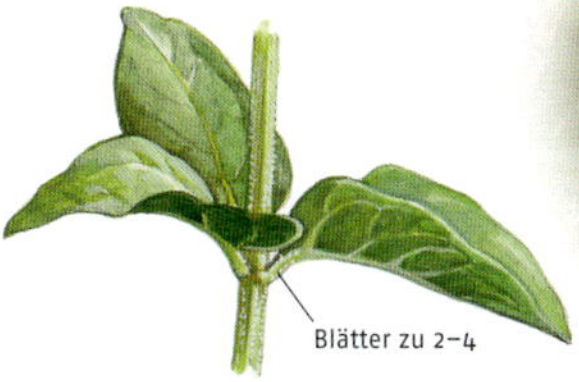

Blätter zu 2–4

Blüten 1,5–2,5 cm breit

Echter Pastinak

Pastinaca sativa (Doldengewächse)

H 30–100 cm Juli–Sept. zweijährig

Vorkommen *Wiesen- und Wegränder, Unkrautbestände, Ödland. Meist auf kalkhaltigen Böden. Westasien, Europa.*

- > ***zeigt Lehmboden an***
- > ***Wildform des Kulturpastinaks***
- > ***Blätter unpaarig gefiedert***

Der Pastinak, beziehungsweise seine rübenartig verdickte Wurzel, liefert ein nahrhaftes Gemüse. Er besitzt aber auch Heilkraft. Die Wurzel wurde in der Volksheilkunde bei Zahnschmerzen, Magen-, Lungen- und Nierenleiden, sowie zur Förderung der Verdauung genutzt. Die Samen dienten als Gewürz und sollten bei Blasenleiden helfen.

Dolde mit 7–20 Strahlen

Petersilie

Petroselinum crispum (Doldengewächse)

H 30–100 cm April–Aug. zweijährig

Vorkommen *Nur aus Kultur bekannt, Heimat wahrscheinlich Südwestasien und Mittelmeergebiet.*

- > ***Unterarten Blatt- und Wurzelpetersilie***
- > ***Blätter 2–3fach gefiedert, Fiedern dreieckig***

Während die Griechen die Petersilie fast ausschließlich als Heilpflanze kannten, nutzten die Römer sie außerdem als Gewürz und symbolisch bei Begräbniszeremonien. Die Früchte fördern die Verdauung, regen die Harnausscheidung an, wurden aber auch zu Abtreibungen missbraucht. Wurzeln und Blätter enthalten weniger ätherisches Öl. Nicht verwenden bei Schwangerschaft und entzündeten Nieren.

Dolde mit 10–20 Strahlen

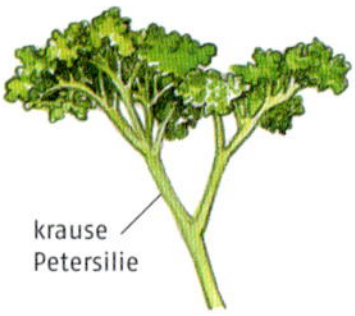

Gänse-Fingerkraut

Potentilla anserina (Rosengewächse)
H 15–80 cm Mai–Aug. Staude

Die getrockneten, oberirdischen Teile enthalten vor allem Gerbstoffe. Entsprechend werden sie in Medizin und Volksheilkunde bei Durchfall und Entzündungen im Mund- und Rachenraum verordnet. Umschläge sollen bei schlecht heilenden Wunden helfen. Gänsefingerkraut wurde aber auch als krampflösendes Hausmittel bei schmerzhaften Monatsblutungen, Waden- und Muskelkrämpfen eingesetzt. Homöopathische Zubereitungen werden unter anderem bei Magen- und Darmerkrankungen verordnet.

Vorkommen *Weg- und Straßenränder, Äcker, Ödland. Gesamte nördliche Hemisphäre.*

> ***zeigt nährstoffreichen, verdichteten Boden an***
> ***Ausläufer bis 1 m lang***

Gesundheits-Tipp

Zum Gurgeln bei wunder Mund- und Rachenschleimhaut: Pro Tasse 1–2 TL des getrockneten Krautes mit heißem Wasser übergießen und nach 10 Minuten abseihen. Mehrmals täglich lauwarm spülen oder gurgeln. Bei krampfartigen Beschwerden im Magen-Darm-Bereich mischt man Melisse und Pfefferminze hinzu.

Echte Schlüsselblume

Primula veris ssp. *veris* (Primelgewächse)

H 10–30 cm   April–Juni   Staude

Vorkommen *Magerrasen und -wiesen, Waldränder, lichte Wälder. Meist auf kalkreichen Böden. Weite Teile Europas, Asien.*

> ***Blüten duftend auf blattlosem Stängel***
> ***Blüten meist nach einer Seite gerichtet***

Die früh im Jahr aufblühende Primel hatte in der nordischen Mythologie eine große Bedeutung – Nixen, Elfen und andere Wesen galten als ihre Beschützer. Die Wurzeln lindern die Beschwerden bei Katarrhen der Atemwege und sind harntreibend. Aus den Blüten bereitet man Tee gegen Husten und zur Beruhigung.

Scharfer Hahnenfuß

Ranunculus acris (Hahnenfußgewächse)

H 30–100 cm   Mai–Sept.   Staude   ☠

Vorkommen *Wiesen, Weiden. Auf feuchten Böden. Weit verbreitet in Europa und Asien.*

> ***prägt den Mai-Aspekt von Feuchtwiesen***
> ***zeigt nährstoffreichen Boden an***
> ***Blüten goldgelb, innen glänzend***

Manch ein Gärtner würde wohl mit Freuden auf diese Heilpflanze verzichten, die sich gerne auf Wiesen breitmacht. Obwohl das frische Kraut stark die Haut reizt, wurde es für Auflagen bei chronischen Hautleiden, Rheuma und Gicht verwendet. Auch galt es früher als Hausmittel gegen Verstopfung und Eingeweidewürmer. Die Pflanzenmedizin nutzt es nicht.

Echte Färberröte

Rubia tinctorum (Rötegewächse)

H 50–100 cm Juni–Aug. Staude

Färberröte oder Krapp ist seit römischer Zeit als Färbepflanze bekannt. Unter anderem lieferte sie den Farbstoff für die roten Hosen der französischen Soldaten. Als Tee wirkt sie der Bildung von Harn- und Nierensteinen entgegen und lindert Entzündungen und Krämpfe. In der Volksheilkunde als Mittel gegen Durchfall.

***Vorkommen** Offene, trockene, steinige Lagen. Mittelmeergebiet, Südosteuropa, Vorderasien.*

> ***Stängel 4-kantig mit kleinen Stachelspitzen***
> ***Blüten in verzweigten Blütenständen***

Scharfer Mauerpfeffer

Sedum acre (Dickblattgewächse)

H 5–15 cm Juni–Aug. Staude ☠

Heute wird der Mauerpfeffer allenfalls in Volksheilkunde und Homöopathie bei Gefäßkrankheiten verordnet. Die saftigen Blätter rufen in größeren Mengen Erbrechen und Durchfall hervor. Sie wurden früher bei Herz- und Kreislaufschwäche, Bluthochdruck, Fieber und äußerlich zur Wundbehandlung sowie gegen Warzen und Flechten benutzt.

***Vorkommen** Felsen, Mauern, Pflasterfugen, Kiesflächen. Auf trockenen, warmen Standorten. Europa, Westasien.*

> ***Pionierpflanze***
> ***Blätter im Querschnitt unten gewölbt und oben flach***

Winter-Linde

Tilia cordata (Malvengewächse)

H bis 25 m Juni–Juli Baum

***Vorkommen** Laubwälder, Ortschaften, Straßenränder. Europa bis zum Ural.*

- **> *Sommerlinde mit derselben Heilwirkung***
- **> *4–12 Blüten im Blütenstand***
- **> *Blätter schief herzförmig***

Winter- und Sommer-Linde enthalten dieselben Wirkstoffe. Beide werden gleichermaßen in der Medizin und Volksheilkunde genutzt: Lindenblütentee war schon im Mittelalter als schweißtreibendes Mittel bekannt. Die medizinische Forschung ist sich allerdings nicht sicher, ob dies ein echter Effekt ist oder nur das heiße Wasser die Schweißdrüsen anregt. Der Schleimgehalt sorgt auf jeden Fall für eine Linderung des Hustenreizes. Möglicherweise regt der Tee sogar die körpereigene Immunabwehr an.

Gesundheits-Tipp

Tee vorbeugend gegen Erkältungskrankheiten: Pro Tasse 1 TL getrockneter Lindenblüten mit kochendem Wasser übergießen, 10–15 Minuten ziehen lassen und abseihen. Folgende Zusätze sind möglich: Hagebuttenschale, Mädesüß-, Kamillen- und Malvenblüten.

Burzeldorn

Tribulus terrestris (Jochblattgewächse)
H 10–60 cm   Mai–Sept.   einjährig

Der Extrakt des Krautes wird in der Ayurveda-Medizin genutzt – ebenso in der Volksheilkunde des Mittelmeerraumes. Da Burzeldorn den Testosteronspiegel erhöhen soll, wird er vor allem als sexuelles Stimulanz und für verstärkten Muskelaufbau eingesetzt. Mit diesem starken Versprechen wird er auch vermarktet.

Vorkommen *Gärten, Äcker, Brachland, Wegränder. Mittelmeergebiet, Südosteuropa.*

- ***Stängel niederliegend, behaart***
- ***Blätter gefiedert, ungleich groß***

Großblütige Königskerze

Verbascum densiflorum (Braunwurzgewächse)
H 50–250 cm   Juli–Sept.   zweijährig

Angeblich hat man im Mittelalter die Pflanze mit Teer bestrichen und als Fackel benutzt, daher ihr Name. Viel sinnvoller erscheint die Verwendung ihrer Blüten: die „Wollblumen" geben einen schleimhaltigen Tee ab, der bei Husten und Erkältung getrunken wird. Die Volksheilkunde kennt die Blüten auch als harntreibendes und Rheumamittel.

Vorkommen *Ödland, Schutt, Wegränder, Waldschläge. Meist auf trockenen, kalkhaltigen Böden. Europa, Asien, Nordafrika.*

- ***im 1. Jahr nur Blattrosette***
- ***Pflanze dicht filzig behaart***
- ***3 kurze und 2 lange Staubgefäße***

Frühlings-Adonisröschen

Adonis vernalis (Hahnenfußgewächse)

H 10–40 cm April–Mai Staude ☠

Vorkommen *Trockenrasen, sonnige Hänge auf kalkreichen Böden. Heimat Südosteuropa, Westasien.*

- > ***Blüten einzeln, endständig, 5 grüne Kelchblätter***
- > ***Blüten öffnen sich nur bei Sonne***

Wegen der herzwirksamen Glykoside darf das Adonisröschen nicht zur Selbstmedikation genutzt werden. Die Pflanze wird von Ärzten bei Herzschwäche und funktionellen Herzbeschwerden verordnet. In der Volkheilkunde galt das Kraut seit alters als Heilmittel gegen Wassersucht, Fieber und Menstruationsbeschwerden.

Hundertjährige Agave

Agave americana (Spargelgewächse)

H 300–800 cm Juni–Aug. Staude

Vorkommen *Heimat Mexiko. Als Zierpflanze im Mittelmeergebiet kultiviert und dort verwildert.*

- > ***Blütenstand erst im 10. Jahr***
- > ***Blätter in grundständiger Rosette***
- > ***Blätter bis 2 m lang, stachelig***

Mayas und Azteken trugen den frischen Presssaft auf Wunden auf und heilten mit ihm Durchfälle. Der Saft liefert den Rohstoff für alkoholische Getränke (Tequila). In der Volksheilkunde des Mittelmeerraumes konnte sich die Agave nicht durchsetzen, wird aber in der Homöopathie bei Mundfäule und Blutarmut verwendet.

Echte Aloe

Aloe vera (Grasbaumgewächse)

H 50–100 cm Jan.–Dez. Staude

Aloeprodukte haben einen festen Platz im Wellness-Bereich und in der Kosmetik erobert. Tatsächlich ist der frische Presssaft aus den Blättern medizinisch wirksam. Er fördert die Heilung von kleinen Wunden, Insektenstichen, Sonnenbrand und anderen leichten Verbrennungen. Das Gel aus den Blättern ist ein Abführmittel, tötet Keime, hemmt Schmerz und soll die Immunabwehr stimulieren. Die Wirkung als Nahrungsergänzungsmittel ist umstritten. Das Gel nicht während der Schwangerschaft verwenden.

***Vorkommen** Heimat Arabien und Nordafrika, im Mittelmeerraum kultiviert, in Mitteleuropa als Kübelpflanze.*

- ***Blätter mit stacheligem Rand, in grundständiger Rosette***
- ***Blütenstand bis 120 cm hoch***

Gesundheits-Tipp

Aloe wird in Gartencentern und Blumengeschäften angeboten und ist eine Soforthilfe bei Mückenstichen: Legen Sie bei Mückenstichen ein halbiertes Blatt mit der Schnittfläche auf die juckende Stelle.

Echte Arnika

Arnica montana (Korbblütengewächse)

H 20–50 cm   Juni–Juli   Staude

***Vorkommen** Rasen, Weiden, Heide, Moore auf sauren Böden. Weite Teile Europas, Hoch- und Mittelgebirge.*

- **große Blätter in grundständiger Rosette**
- **2–3 Paar kleine, gegenständige Stängelblätter**
- **Blütenkörbchen mit Zungen- und Röhrenblüten**

Arnika war den Heilkundigen der Antike nicht bekannt. Sie gewann erst im späten Mittelalter an Bedeutung, setzte sich dann aber rasch durch. Der prominente Patient Goethe bekam sogar auf dem Sterbebett noch Arnikatinktur. Äußerlich angewandt helfen getrocknete Blüten bei Prellungen, Blutergüssen, Rheuma und Gelenkschmerzen, als Gurgelmittel bei Entzündungen im Mund- und Rachenraum. Früher war die innere Anwendung als Herz-Kreislaufmittel wichtig, heute wird davon abgeraten.

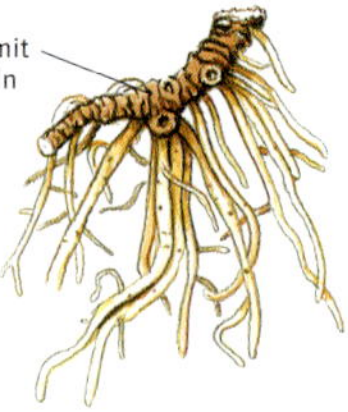

Gesundheits-Tipp

Arnika ist geschützt und muss aus der Apotheke bezogen werden. Gurgelmittel: Pro Tasse 1 TL getrocknete Blüten mit kochendem Wasser übergießen, nach 10 Minuten abseihen. Lauwarm gurgeln, nicht trinken!

Eberraute

Artemisia abrotanum (Korbblütengewächse)

H 50–120 cm   Juli–Okt.   Staude

Aus England ist überliefert, dass man Sträuße aus Eberraute neben Gefangenen im Gericht aufhängte. Man hoffte sich so vor Ansteckung mit „Gefängnisfieber", einer Typhuserkrankung zu schützen. In der Volksheilkunde wird die Eberraute nur noch selten genutzt, um Appetit und Verdauung anzuregen. Früher nahm man sie auch bei Menstruationsbeschwerden und Eingeweidewürmern.

***Vorkommen** Heimat Ost- und Südosteuropa, Westasien, in Mitteleuropa als Heilpflanze kultiviert.*

- > **Halbstrauch**
- > **duftet nach Zitrone**
- > **Blütenkörbchen nur mit Röhrenblüten**

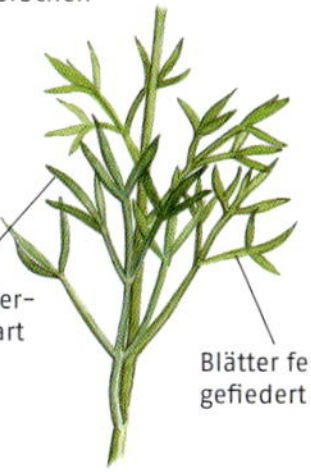

Echter Wermut

Artemisia absinthium (Korbblütengewächse)

H 60–120 cm   Juli–Sept.   Staude   ☠

Wermut hat einen extrem bitteren Geschmack, enthält aber auch ätherisches Öl. Es war früher im Absinth enthalten und führte wegen des hohen Thujongehaltes zu Bewusstseinsstörungen. Heute verwendet man nur noch die Bitterstoffe. Das Kraut regt den Appetit an, fördert die Verdauung und löst Krämpfe im Magen-Darm-Bereich: Das Öl soll krebserregend sein und darf nicht mehr verwendet werden.

***Vorkommen** Wegränder, Mauern, Schuttplätze, Ödland. Auf nährstoffreichen Böden. Europa und Asien.*

- > **untere Teile verholzt**
- > **aromatisch duftend**
- > **ganze Pflanze graufilzig behaart**

Estragon

Artemisia dracunculus (Korbblütengewächse)

H 60–120 cm Aug.–Okt. Staude

Vorkommen *Heimat Ostrussland, Mongolei, weltweit als Gewürzpflanze kultiviert.*

> ***kahle, aromatisch duftende Pflanze***
> ***zahlreiche Blütenkörbchen in einem Blütenstand***

Der Überlieferung nach soll Estragon bei Schlangenbissen helfen, dies gehört allerdings in den Bereich der Legenden. Das Kraut enthält ätherisches Öl und andere Wirkstoffe. Es wird vor allem in der Küche als Gewürz und Aroma für Kräuteressig verwendet. In der Volksheilkunde gilt Estragon als harntreibend, verdauungsfördernd und appetitanregend.

Gewöhnlicher Beifuß

Artemisia vulgaris (Korbblütengewächse)

H 60–250 cm Juli–Nov. Staude

Vorkommen *Wegränder, Schuttplätze, Ödland, Ufer. Verbreitet in Europa und Asien.*

> ***zahlreiche Blütenkörbchen***
> ***nur Röhrenblüten, gelb bis rötlich***
> ***schwacher Geruch beim Zerreiben***

Der Beifuß hat zahlreiche sagenhafte Wirkungen: So legten angeblich römische Soldaten ihre Sandalen zum Schutz vor Müdigkeit damit aus, und ein walisisches Kräuterbuch empfiehlt schwangeren Frauen, es zur Geburtshilfe an den Oberschenkel zu binden. Das Kraut regt den Appetit an und fördert die Verdauung, es war Wurmmittel und Bratgewürz.

Gewöhnliche Berberitze

Berberis vulgaris (Berberitzengewächse)

H bis 300 cm April–Juni Strauch ☠

Beeren bis 1 cm lang

Blüten hängend in Trauben

Die Früchte des „Sauerdorns“ enthalten viel Vitamin C und eignen sich vor allem für Kompott und Marmeladen. Die Volksheilkunde nutzt sie als Abführmittel, bei Leber- und Milzleiden. Auch die giftige Wurzelrinde war früher Heilmittel: bei Gallenleiden, Gelbsucht, Verdauungsbeschwerden, Durchfall, Nierensteinen, Rheuma und anderem mehr.

Vorkommen *Waldränder, Hecken, lichte Kiefernwälder. Europa bis Westasien.*

- > ***sommergrün***
- > ***Blätter in Büscheln***
- > ***Blüten riechen unangenehm***

geteilte Blattdornen

6 Kelch- und 6 Kronblätter

Dreiteiliger Zweizahn

Bidens tripartita (Korbblütengewächse)

H 15–100 cm Juli–Okt. einjährig

Der Zweizahn wurde nur selten als Heilkraut genutzt. Er enthält Gerbstoff, ätherisches Öl und Bitterstoffe. In der Volksheilkunde wurde er als Mittel gegen Hämorrhoiden, Nieren- und Gallensteine und als harntreibend verwendet. In einem englischen Kräuterbuch des 17. Jahrhunderts wird er gegen „Kräfteverfall“ und „harte Milz“ empfohlen.

Vorkommen *Ufer, Gräben, Schuttplätze, Nasswiesen. Stets auf nassen, nährstoffreichen Böden. Ganz Europa.*

- > ***häufige Pionierpflanze auf Schlammböden***
- > ***Blütenkörbchen nur mit Röhrenblüten***
- > ***Blätter mit 3–5 Abschnitten***

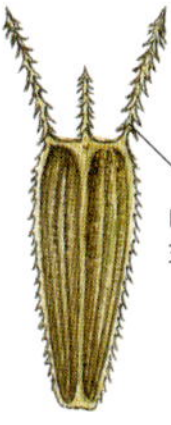

Früchte mit 3 Zähnen

Blütenkörbchen einzeln

Blütenkörbchen 1–2,5 cm breit

Garten-Ringelblume

Calendula officinalis (Korbblütengewächse)

H 20–50 cm Juni–Sept. ein- bis zweijährig

***Vorkommen** Seit alters kultivierte Heil- und Zierpflanze. Europa, Westasien.*

> ***riecht unangenehm aromatisch***
> ***Pflanze filzig behaart***
> ***Röhren- und Zungenblüten oder nur Zungenblüten***

Woher die Ringelblume genau kommt, ist nicht sicher bekannt. Hildegard von Bingen nennt sie Ringula und schreibt ihr „große Kräfte“ unter anderem gegen Vergiftungen zu. Die Blüten enthalten entzündungshemmende Substanzen und fördern die Wundheilung. Als Salbe wird sie bei Wunden, Quetschungen, Prellungen, Geschwüren und Hautentzündungen aufgetragen. Als Tee nutzt man sie zum Gurgeln. Daneben war sie als Liebeszauber, gegen Krebs, Würmer und die Syphilis in Gebrauch.

Gesundheits-Tipp

Gurgelaufguss bei Entzündungen: Pro Tasse 1–2 TL mit kochendem Wasser übergießen. Nach 10 Minuten abgießen und mehrmals täglich gurgeln. Butter zum Einreiben gegen Muskelschmerzen: Blüten und Butter (1 : 1) erhitzen, bis die Butter schmilzt. Die Wirkstoffe lösen sich im Fett.

Färber-Distel

Carthamus tinctorius (Korbblütengewächse)

H 10–60 cm   Juli–Sept.   einjährig

Die Blüten geben Speisen das Aussehen von Safran, allerdings keinen Safrangeschmack. Mit dem Farbstoff wurden früher auch Stoffe gefärbt. In der Volksheilkunde nahm man sie bei Verdauungsbeschwerden ein. Das Öl aus den Samen wird in der Kosmetikindustrie verarbeitet. Es enthält aber auch mehrfach ungesättigte Fettsäuren und senkt den Cholesterinspiegel.

Vorkommen *Heimat Kleinasien bis Indien. Seit alters als Heil- und Färbepflanze angebaut, Mittelmeergebiet.*

> ***Pflanze aufrecht, kahl***
> ***Blütenkörbchen nur mit Röhrenblüten***
> ***Hüllblätter des Körbchens mit eiförmigem Anhängsel***

Kohl-Kratzdistel

Cirsium oleraceum (Korbblütengewächse)

H 50–150 cm   Juni–Sept.   Staude

Der Name Kohl-Kratzdistel weist darauf hin, dass man die jungen Blätter und Sprosse wie Kohl zubereiten kann. Während diese Nutzung bekannt war, haben sich nur wenige Kräuterkundige mit der Heilwirkung befasst. Angeblich helfen Wurzel und Kraut bei Krämpfen, Zahnschmerzen und äußerlich bei Hauterkrankungen und Rheuma.

Vorkommen *Nasswiesen, Auwälder, Ufer, Quellen. Auf nährstoffreichen Böden. Zentraleuropa bis Sibirien*

> ***zeigt gedüngte Böden an***
> ***nur blassgelbe Röhrenblüten***
> ***2–6 Blütenkörbchen von Hochblättern umgeben***

Benediktenkraut

Cnicus benedictus (Korbblütengewächse)

H 10–40 cm Juni–Juli einjährig

***Vorkommen** Heimat nördliches Mittelmeergebiet, früher in Mitteleuropa kultiviert, selten verwildert.*

- > ***Pflanze distelartig***
- > ***Stängel borstig***
- > ***Hüllblätter des Körbchens mit Stacheln***

Körbchen 2–2,5 cm lang

Während der Pestzeit glaubte man fest an die Heilkraft des Benediktenkrautes. Der deutsche Name geht auf die Benediktinermönche oder direkt auf das lateinische *benedicta* = gesegnet zurück. Das Kraut stand während des ganzen Mittelalters in hohem Ansehen. Seine bitteren Inhaltsstoffe regen Appetit und Verdauung an und sollen bei Leber- und Gallenleiden helfen. Äußerlich nutzt es die Volksheilkunde bei Geschwüren und Frostbeulen. Nicht verwenden bei Magen- und Darmgeschwüren.

Blätter den Stängel umfassend

Gesundheits-Tipp

Appetitanregender Tee: Pro Tasse 1 TL des blühenden Krautes mit kochendem Wasser übergießen. 5–10 Minuten ziehen lassen, dann abseihen. Zweimal täglich eine Tasse ungesüßt lauwarm vor den Hauptmahlzeiten trinken.

Körbchen nur mit Röhrenblüten

stachelige Hüllblätter

Gelber Enzian

Gentiana lutea (Enziangewächse)

H 50–140 cm Juni–Aug. Staude

Die Wurzel des Gelben Enzians liefert die bitterste Droge der heimischen Pflanzenwelt. Sie war bereits den Ärzten der griechischen Antike bekannt, die sich auf den illyrischen König Gentis beriefen. Angeblich hatte er die Pest mit Enzian geheilt. Medizin und Volksheilkunde nutzen die Bitterkeit, um die Bildung von Verdauungssäften anzuregen (in Aufgüssen und Bitterschnäpsen). Enzian behebt Appetitlosigkeit, fördert die Verdauung, lindert Völlegefühl und Übelkeit. Nicht verwenden bei Magen- und Darmgeschwüren.

Vorkommen *Magerrasen, Weiden, Flachmoore. Nur im Gebirge auf basischen Böden. Mittel- und Südeuropa.*

> ***Blütenkelch einseitig aufgeschlitzt***
> ***gegenständige Blätter***
> ***Stängel rund, hohl***

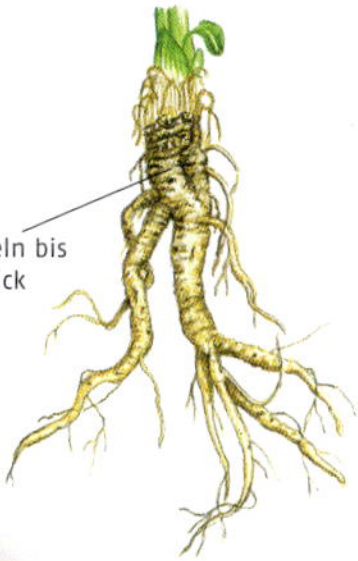

Gesundheits-Tipp

Appetitanregender Tee: Die Pflanze ist geschützt, die Droge muss daher in der Apotheke besorgt werden. Pro Tasse 1/2 TL der Wurzel mit kochendem Wasser übergießen und 10–15 Minuten ziehen lassen. Eine Tasse des sehr bitteren Tees lauwarm vor den Hauptmahlzeiten trinken.

Gewöhnliche Sonnenblume

Helianthus annuus (Korbblütengewächse)

H 100–300 cm   Juli–Okt.   einjährig

Vorkommen *Heimat Nordamerika, als Zier- und Kulturpflanze nach Europa eingeführt, teilweise verwildert.*

> ***viele kleinere Kultursorten***
> ***Blätter herzförmig***
> ***Blütenkörbchen mit flachem Blütenboden***

Das bekannteste Produkt der Sonnenblume ist sicher das Samenöl, das aber nicht nur in der Küche, sondern auch zum Einmassieren in schmerzende Glieder genutzt wird. Die gelben Blütenblätter dienen wie Arnika oder Ringelblume äußerlich zur Wundbehandlung und innerlich als Kur bei fiebrigen Erkrankungen, Gallen- und Leberleiden.

Erdbirne, Topinambur

Helianthus tuberosus (Korbblütengewächse)

H 100–250 cm   Okt.–Nov.   Staude

Vorkommen *Heimat Nordamerika, als Futterpflanze nach Europa eingeführt, in Mittel- und Osteuropa verwildert.*

> ***Blütenkörbchen mit Zungen- und Röhrenblüten***
> ***Blätter zu 2–3 je Knoten***

Die Erdbirne ist zwar keine Heilpflanze im strengen Sinn, aber ein interessantes Nahrungsmittel für Diabetiker. Im Unterschied zur Kartoffel lagert die Erdbirne keine Stärke, sondern den Vielfachzucker Inulin ein. Inulin enthält keine Glukose und erhöht daher nicht den Blutzuckergehalt. In der Volksheilkunde wird Erdbirne bei Verstopfung empfohlen.

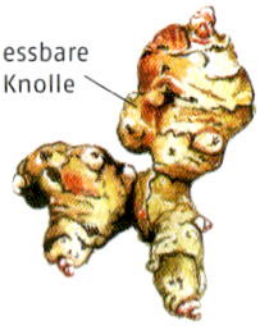

Sand-Strohblume

Helichrysum arenarium (Korbblütengewächse)
H 10–30 cm   Juli–Aug.   Staude

Die getrockneten Blütenkörbchen sind in Tees enthalten, die bei nicht entzündlichen Beschwerden der Gallenblase verordnet werden – außerdem geben sie anderen Tees eine schönere Farbe. In der Volksheilkunde dienen sie auch als harntreibendes, die Verdauung förderndes und krampflösendes Mittel.

3–40 Körbchen in einem Blütenstand

Blätter schmal, behaart

***Vorkommen** Dünen, sandige Rasen, Kiefernwälder. Auf mageren Böden. Mittel- bis Osteuropa.*

> ***Pflanze graufilzig behaart***
> ***Blütenkörbchen in dichtem Blütenstand***
> ***nur Röhrenblüten***

Blütenkörbchen 6–7 mm breit

Kleines Habichtskraut

Hieracium pilosella (Korbblütengewächse)
H 5–30 cm   Mai–Okt.   Staude

Laut Hildegard von Bingen stärkt Habichtskraut das Herz und verringert die schlechten Säfte. Nach einem alten Volksglauben machte es sogar unverwundbar, sofern man das Kraut bei Vollmond ausgrub und in ein weißes Tüchlein einschlug. Heute wird das Habichtkraut allenfalls bei Durchfall und Rachenentzündungen verwendet.

Zungenblüten außen rötlich gestreift

Blätter bei Trockenheit eingerollt

***Vorkommen** Magere Wiesen, Trockenrasen, trockene Wälder, Felsen. Fast ganz Europa, Westasien.*

> ***Pflanze mit Milchsaft***
> ***Blütenkörbchen nur mit Zungenblüten***
> ***Blätter in Rosette***

Blütenkörbchen 2–3 cm breit

Echter Alant

Inula helenium (Korbblütengewächse)

H 60–250 cm   Juli–Aug.   Staude

Vorkommen *Heimat Zentralasien, als Zier- und Heilpflanze nach Europa eingeführt und teilweise verwildert.*

> ***Blütenkörbchen mit Zungen- und Röhrenblüten***
> ***untere Blätter 40 cm lang, gestielt, obere sitzend***

Die Wurzel des Alants enthält Wirkstoffe, die bei regelmäßiger Anwendung oder Überdosierung viele Nebenwirkungen haben: Schleimhautreizung, Erbrechen, Übelkeit und allergische Reaktionen. Aus diesem Grund wird Alant in der Medizin nicht mehr verordnet. Die Volksheilkunde nutzte den Alant vor allem bei starkem Husten. Weiterhin sollte er die Verdauung fördern, Eingeweidewürmer austreiben, Menstruationsbeschwerden lindern und bei Herzbeschwerden helfen.

Blütenkörbchen
6–8 cm breit

Blätter unten
graufilzig

Zungenblüten schmal,
3–4 cm lang

Schon gewusst?

Der Gattungsname des Alants war Pate für das 1804 entdeckte Inulin. Dies ist ein stärkeähnliches Kohlenhydrat, das aus Fruchtzucker (Fructose) besteht. Der Artname spielt auf die entführte Helena an, die angeblich eine Alantwurzel mit nach Troja nahm.

der heilkräftige
Wurzelstock war
ein geschätztes
Mittel bei Husten

Tomate

Lycopersicon esculentum var. esculentum (Nachtschattengewächse)
H 40–150 cm   Juni–Okt.   einjährig

Die Tomate war nie Heilpflanze im eigentlichen Sinn, sie enthält aber in den ausgereiften Früchten den roten Farbstoff Lycopin. Er ist chemisch mit dem Carotin der Möhre verwandt. Lycopin kann freie Radikale im Körper binden und damit schädliche Oxidationsreaktionen einschränken. Damit reduziert sich das Risiko, an bestimmten Krebsarten zu erkranken.

***Vorkommen** Heimat nördliches Südamerika, nach Mitteleuropa als Nutzpflanze eingeführt.*

> ***Stängel schlaff, drüsig behaart***
> ***Blätter 1–2fach gefiedert***

Feigenkaktus

Opuntia ficus-indica (Kakteengewächse)
H 200–500 cm   April–Juli   Staude

Da der Feigenkaktus relativ spät im Mittelmeerraum angesiedelt wurde, spielt er keine Rolle in der Volksheilkunde. In seiner Heimat nutzt man den frischen Saft der flachen Sprosse äußerlich gegen Hautentzündungen und Verbrennungen. Angeblich sollen Extrakte der Blüten bei Blasen-, Prostata- und anderen Beschwerden helfen.

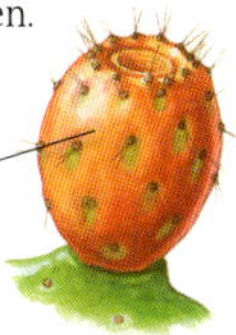

***Vorkommen** Heimat Mittel- und Nordamerika, ins Mittelmeergebiet eingeführt und verwildert.*

> ***Wasser speichernde flache Sprosse***
> ***Blätter zu Dornen reduziert***

Gewöhnliches Scharbockskraut

Ranunculus ficaria (Hahnenfußgewächse)
H 5–20 cm März–Mai Staude

Vorkommen *Auwälder, Laubmischwälder, feuchte Wiesen, Parks. Europa, Asien, Nordafrika.*

- ***meist in Massen auftretend***
- ***Stängel liegend bis aufsteigend***
- ***Blätter herzförmig***

Die jungen Blätter enthalten relativ viel Vitamin C und wurden als Frühlingssalat gegen Skorbut, der frische Presssaft zur Blutreinigung eingenommen. Dagegen reichert sich vor allem in Blüten und Sprossen das hautreizende, giftige Protanemonin an. Eine Waschung sollte Hautunreinheiten beseitigen.

Silber-Greiskraut

Senecio cineraria (Korbblütengewächse)
H 20–80 cm Mai–Aug. Staude

Vorkommen *Küsten des Mittelmeeres, in Mitteleuropa als Zierpflanze eingeführt.*

- ***untere Teile verholzt***
- ***weißfilzig behaart***
- ***Blütenkörbchen mit Zungen- und Röhrenblüten***

Das Kraut enthält die leberschädigen Pyrrolizidinalkaloide und sollte nicht mehr verwendet werden. Früher galt der Saft aus den frischen Blättern als Hausmittel gegen Augenleiden, bei Migräne und Menstruationsstörungen. Heute nutzt ihn nur noch die Homöopathie bei beginnendem Grauem Star und anderen Augenkrankheiten.

Fuchs' Greiskraut

Senecio ovatus (Korbblütengewächse)
H 60–150 cm   Juli–Sept.   Staude ☠

Das Fuchs' Greiskraut enthält Pyrrolizidinalkaloide und sollte nicht mehr verwendet werden. Das Kraut war in der Volksheilkunde als blutstillendes Mittel sehr verbreitet. Man wandte es vor allem bei Gebärmutterblutungen an. Als Tee wurde das Fuchs' Greiskraut von der Pflanzenmedizin zur Senkung des Blutzuckers verordnet.

Vorkommen *Buchenwälder, Waldschläge, Lichtungen. Mittel- und nördliches Südeuropa.*

> ***Blütenstand mit zahlreichen Körbchen***
> ***Blütenkörbchen mit Zungen- und Röhrenblüten***

Kanadische Goldrute

Solidago canadensis var. *canadensis* (Korbblütengewächse)
H 50–250 cm   Aug.–Okt.   Staude

Da diese Zierpflanze ähnlich wirkt wie die heimische Goldrute, konnte sie sich in Medizin und Volksheilkunde durchsetzen – das gilt auch für die Späte Goldrute. Ein Tee aus dem blühenden Kraut ist harntreibend, beugt Harn- und Nierensteinen vor und kann leichte Krämpfe lösen. Goldrute wird auch zu Fertigpräparaten verarbeitet.

Vorkommen *Unkrautbestände, Ödland. Heimat Nordamerika, als Zierpflanze nach Europa eingeführt und verwildert.*

> ***zahlreiche Blütenkörbchen in großem Blütenstand***
> ***Zungenblüten kaum länger als Röhrenblüten***

Gewöhnliche Goldrute

Solidago virgaurea ssp. *virgaurea* (Korbblütengewächse)

H 10–100 cm   Juli–Okt.   Staude

Vorkommen *Lichte Wälder, Waldschläge, Heiden, magere Weiden. Europa, Nordafrika, Westasien.*

> ***10–30 Röhren- und 6–12 Zungenblüten je Blütenkörbchen***
> ***untere Blätter gestielt, eiförmig, obere sitzend***

Angeblich war die Goldrute bereits den Germanen als „Wundkraut" bekannt. Sie enthält nachweislich Entzündungen hemmende Phenolglykoside (Leiocarposid). Seit dem 13. Jahrhundert wird das Kraut außerdem als harntreibendes Mittel erwähnt und seither stets zur Vorbeugung gegen Steine genannt. Als Hausmittel wird sie bei Entzündungen im Hals- und Rachenraum, aber auch gegen Rheuma, Gicht und Hautkrankheiten empfohlen. Nicht verwenden bei Ödemen, Herz-, und Nierenerkrankungen.

Gesundheits-Tipp

Harntreibender Tee, vorbeugend gegen Harnsteine: Pro Tasse 1–2 TL mit kochendem Wasser übergießen. 15 Minuten ziehen lassen und abseihen. 2–4-mal täglich frisch zwischen den Mahlzeiten.

Rainfarn

Tanacetum vulgare (Korbblütengewächse)

H 60–120 cm Juli–Sept. Staude ☠

Hildegard von Bingen empfiehlt das Kraut gegen Eingeweidewürmer – diese Anwendung hat sich in der Volksheilkunde lange gehalten. Wegen des Giftes ist von Selbstversuchen aber dringend abzuraten. Die Blüten fanden auch bei Magenkrämpfen, Verdauungs- und Menstruationsbeschwerden Verwendung.

***Vorkommen** Wegränder, Ufer, Schuttplätze, Ödland. Fast ganz Europa und Asien.*

- > ***Blütenkörbchen nur mit Röhrenblüten***
- > ***Pflanze duftet beim Zerreiben aromatisch***

Gewöhnlicher Löwenzahn

Taraxacum Sect. Ruderale (Korbblütengewächse)

H 5–40 cm April–Juli Staude

Löwenzahn war sehr beliebt für die früher üblichen Frühjahrskuren. Presssaft und Salate aus den Blättern enthalten viel Kalium und Bitterstoffe, die Appetit und Verdauung anregen. In der Volksheilkunde dient er als harntreibendes Mittel und wird bei Leber- und Gallenleiden empfohlen. Ähnlich nutzt ihn auch die Homöopathie. Nicht verwenden bei Gallensteinen.

***Vorkommen** Wiesen, Weiden, Parks, Unkrautflächen, Gärten. Weltweit verbreitet.*

- > ***Pflanze enthält weißen Milchsaft***
- > ***einzelnes Blütenkörbchen auf hohlem Stängel***
- > ***Blätter in Rosette***

Huflattich

Tussilago farfara (Korbblütengewächse)
H 10–30 cm März–April Staude

Vorkommen *Wege, Straßenränder, Ufer, Kiesgruben. Europa, Westasien, Nordafrika.*

> ***Blütenkörbchen nur bei Sonne geöffnet***
> ***bis 300 Zungen- und 40 Röhrenblüten***
> ***Laubblätter erscheinen erst nach der Blüte***

Die Blüten und jungen Blätter des Huflattichs enthalten reichlich Schleimstoffe und werden daher seit der Antike als Heilmittel bei Husten und Heiserkeit empfohlen (lateinisch *tussis* = Husten). Leider enthalten sie auch Pyrrolizidinalkaloide und sind damit für den uneingeschränkten Gebrauch nicht geeignet. Glücklicherweise gibt es inzwischen alkaloidfreie Züchtungen für die medizinische Nutzung des Krauts. Huflattich hemmt Entzündungen; es gab sogar Huflattichzigaretten gegen Asthma.

Gesundheits-Tipp

Hustentee: Die Pflanze darf nicht gesammelt, sondern sollte aus der Apotheke bezogen werden. Pro Tasse 1½ TL mit kochendem Wasser übergießen. 10–15 Minuten ziehen lassen und mehrmals täglich eine Tasse trinken. Darf mit Honig gesüßt werden.

Gewöhnlicher Wundklee

Anthyllis vulneraria (Hülsenfrüchtler)

H 15–30 cm   Mai–Aug.   Staude

Wie der deutsche Name andeutet, galt diese Art früher als heilend bei offenen Wunden. Man legte die zerquetschten Blüten auf oder wusch die Wunde mit dem Aufguss. Die Blüten wurden ausschließlich in der Volksmedizin geschätzt. Er half angeblich bei Geschwüren, offenen Beinen und Frostbeulen, wurde aber auch als Tee bei Entzündungen im Mund- und Rachenraum getrunken.

Vorkommen *Magerrasen, magere Weiden, Straßenränder, Ödland. Häufig auf Kalk. Fast ganz Europa bis Vorderasien, Nordafrika.*

- > ***Pflanze seidig behaart***
- > ***gelbe neben verblühten braunen Blüten im Köpfchen***

Gewöhnliche Osterluzei

Aristolochia clematitis (Osterluzeigewächse)

H 30–70 cm   Mai–Juni   Staude   ☠

Osterluzei wird wegen der Giftigkeit heute in der Schulmedizin und Volksheilkunde nicht mehr verwendet. Dabei war sie seit altägyptischer Zeit eine begehrte Heilpflanze. Sie wirkt immunstimulierend und diente vor allem als Wundheilmittel. Daneben galt sie stets auch als Zauberpflanze und ist noch heute Bestandteil der geweihten Maria-Himmelfahrt-Sträuße.

Vorkommen *Heimat Südosteuropa bis Südostasien, in Mitteleuropa auf trockenen, sonnigen Standorten selten verwildert.*

- > ***zeigt ehemalige Weinberge an***
- > ***Stängel hin und her gebogen***

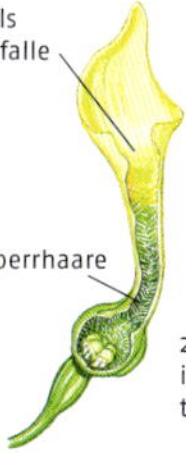

Besenginster

Cytisus scoparius ssp. *scoparius* (Hülsenfrüchtler)

H 50–200 cm Mai–Juni Strauch ☠

Vorkommen *Heiden, Waldschläge, Gebüsche, Wegränder auf sauren Böden. Süd-, West- und Mitteleuropa.*

- > ***Pionier auf frischen Böden***
- > ***6 cm lange, behaarte Hülsenfrüchte***

Kraut und Blüten enthalten herz- und kreislaufwirksame Alkaloide, sie wurden auch bei niedrigem Blutdruck und zur Geburtshilfe eingesetzt. Wegen schwankender Wirkstoffgehalte wird Besenginster heute nur noch in standardisierten Fertigpräparaten verwendet. Die Volksheilkunde kennt den Besenginster zur Blutreinigung, gegen Gicht, Rheuma, Leberschäden, Nierensteine und Gelbsucht, die Homöopathie gegen Herzrhythmusstörungen und Hautkrankheiten. Nicht verwenden bei Bluthochdruck und in der Schwangerschaft.

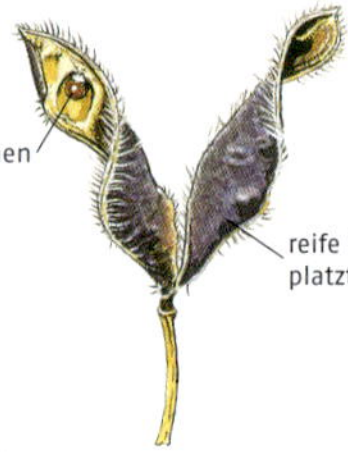

Schon gewusst?

Ursprünglich war die planta genista das Helmzeichen des Grafen von Anjou. Als er eine Tochter des englischen Königs Heinrich I. heiratete, übernahmen seine Nachkommen als englische Könige der Plantagenets (1154–1399) den Ginster als Wappen.

Wolliger Fingerhut

Digitalis lanata (Wegerichgewächse)

H 40–100 cm Juni–Aug. zweijährig oder Staude ☠

Der Wollige Fingerhut spielte nie eine Rolle in der Volksheilkunde. Er enthält rund 80 herzwirksame Glykoside und ist tödlich giftig – er darf auf keinen Fall für Selbstmedikationen verwendet werden. Früher lieferte er das so genannte Digitalis-lanata-Pulver, mit dem der Arzt Herzinsuffizienzen behandelte. Die moderne Medizin greift auf die isolierten und teilweise chemisch veränderten Wirkstoffe (Cardenolidglykoside) zurück, immer noch zur Behandlung geschwächter Herzen.

Vorkommen *Lichte Wälder, Gebüsche. Südosteuropa, in Mitteleuropa als Arzneipflanze angebaut.*

> ***Blüten zeigen zu allen Seiten***
> ***Blütenkrone bauchig, gelb-braun geadert***

Schon gewusst?

Um die begehrten Rohstoffe für die pharmazeutische Industrie zu gewinnen, wird der Wollige Fingerhut feldmäßig angebaut und geerntet. Er liefert 3–5-mal mehr Wirkstoffe als der Rote Fingerhut, die zudem leichter vom Körper aufgenommen und wieder ausgeschieden werden.

Gelber Fingerhut

Digitalis lutea (Wegerichgewächse)

H 30–70 cm Juni–Aug. Staude ☠

Vorkommen *Waldlichtungen, Waldwege, Waldschläge. Meist auf kalkhaltigen Böden. Westeuropa, Italien.*

> ***Stängel und Blätter kahl***
> ***Blüten zu einer Seite gerichtet***
> ***Krone hängend, innen nicht gezeichnet***

Trotz der nahen Verwandtschaft zu den anderen Fingerhutarten – er enthält dieselben Wirkstoffe in geringerer Konzentration – spielt der Gelbe Fingerhut nur eine geringe Rolle in der Pflanzenmedizin. Wegen seiner Verbreitung in Italien schätzte man ihn dort allerdings mehr als die rot blühende Art. Der ähnliche Großblütige Fingerhut ist keine Heilpflanze.

Gelber Hohlzahn

Galeopsis segetum (Lippenblütengewächse)

H 10–40 cm Juni–Aug. einjährig

Vorkommen *Schuttflächen, Waldränder, Äcker, Brachland. Auf lockeren, steinigen Böden. West- und Mitteleuropa.*

> ***Blüten in Kreisen in den oberen Blattachseln***
> ***Kelch behaart mit 5 Zähnen***

Der wichtigste Inhaltsstoff des Krautes ist lösliche Kieselsäure. Vermutlich diente es deswegen seit der griechischen Antike als Heilmittel gegen Lungenkrankheiten. Vom Mittelalter bis in die frühe Neuzeit galt der Hohlzahn als Bestandteil der „Lieberschen Auszehrungskräuter" als sicheres Mittel gegen Schwindsucht. Heute wird er nicht mehr genutzt.

Färber-Ginster

Genista tinctoria var. *tinctoria* (Hülsenfrüchtler)
H 30–60 cm Juni–Aug. Strauch ☠

Der Färber-Ginster war lange Zeit eine viel genutzte Färbepflanze. Während der gelbe Farbstoff nur in den Blüten enthalten ist, verwendet die Volksheilkunde das gesamte blühende Kraut. Es wirkt harntreibend, soll Harnsteinen und -gries vorbeugen, sowie Rheuma und Gicht lindern. Außerdem verordnete man das Kraut bei Menstruationsproblemen, Verstopfung, Leber-, Gallen- und Lungenleiden, Knochenbrüchen, Ekzemen und Geschwüren. Nicht verwenden bei Bluthochdruck und in der Schwangerschaft.

Vorkommen *Magerwiesen, Moorwiesen, Waldränder, lichte Wälder. Europa, Westasien.*

> ***zeigt Bodenvernässung an***
> ***Stängel aufrecht, kahl, gerillt***
> ***Schmetterlingsblüten in großen Blütenständen***

Gewöhnlicher Goldregen

Laburnum anagyroides (Hülsenfrüchtler)
H bis 800 cm Mai–Juni Strauch ☠

Obwohl insbesondere die Samen sehr giftig sind (Alkaloide), wurde die Pflanze früher genutzt. Die Blätter dienten als schleimlösendes und Abführmittel. Die Samen nahm man in der Volksheilkunde bei Verstopfung, als Brechmittel, bei Asthma und zur Entwässerung ein. Ein Samenextrakt diente als Mittel, um sich das Rauchen abzugewöhnen. Geblieben sind nur homöopathische Anwendungen, die bei Erkrankungen des Zentralen Nervensystems, Magen- und Darmbeschwerden und Schwindel verordnet werden.

Vorkommen *Gebirge Süd-und Südosteuropas, als Zierpflanze nördlich der Alpen und auf sonnigen Hängen verwildert.*

> ***Blütentrauben hängend, bis 25 cm lang***
> ***Blattstiele und -unterseiten behaart***
> ***sehr giftig***

Gewöhnliches Leinkraut

Linaria vulgaris (Wegerichgewächse)

H 20–70 cm   Juni–Okt.   Staude

Vorkommen *Unkrautbestände, Äcker, Eisenbahndämme, Straßenränder, Ödland. Europa, Westasien.*

> ***Stängel aufrecht, kaum verzweigt***
> ***Blüten mit gewölbtem Buckel, der den Schlund verschließt***

Im Mittelalter und der frühen Neuzeit diente das Leinkraut als Abwehrzauber: Es wurde in die Wiege gelegt und sollte Kinder vor „angezauberten" Krankheiten schützen. Die Volksheilkunde verwendete das Leinkraut als harntreibendes und Abführmittel und als Salbe auch gegen Hämorrhoiden und Hautunreinheiten. Alte Kräuterbücher nennen es als Heilmittel gegen Leber- und Milzleiden.

Echter Steinklee

Melilotus officinalis (Hülsenfrüchtler)

H 30–100 cm   Juni–Sept.   zweijährig

Vorkommen *Unkrautbestände, Wege, Bahndämme, Steinbrüche, Ödland. Europa, Asien.*

> ***bis zu 70 Blüten in einem Blütenstand***
> ***Flügel der Blüten länger als das Schiffchen***
> ***rundlich-eiförmige Hülsenfrucht***

Der seit der Antike bekannte Steinklee wird noch immer zu Arzneimitteln verarbeitet, die bei Venenerkrankungen, zur Nachbehandlung von Thrombosen, bei Hämorrhoiden und Krampfadern verordnet werden. In der Volksheilkunde trank man den Tee gegen Krampfadern, Hämorrhoiden, Husten und legte getränkte Umschläge auf geschwollene Beine und Gelenke. Die Homöopathie nutzt ihn bei Migräne und Nasenbluten.

Salbei-Gamander

Teucrium scorodonia (Lippenblütengewächse)

H 30–50 cm   Juli–Sept.   Staude ☠

Der Gattungsname *Teucrium* verweist auf den trojanischen König Teukros, der den Salbei-Gamander bei Krankheiten der Milz eingesetzt haben soll. In der Volksheilkunde wird das Kraut hauptsächlich bei Bronchialkatarrh, aber auch als Wundmittel, bei Magen- und Darmkrankheiten und früher sogar gegen Tuberkulose empfohlen.

Vorkommen *Eichen- und Kiefernwälder, Heiden, Waldränder. Auf sauren Böden. Europa, Nordafrika.*

> ***Pflanze riecht unangenehm***
> ***Blüten nach einer Seite gerichtet***
> ***Blätter am Grund herzförmig***

Acker-Stiefmütterchen

Viola arvensis (Veilchengewächse)

H 5–20 cm   April–Okt.   einjährig

Das getrocknete, blühende Kraut wird in der Volksheilkunde als blutreinigend angesehen. Sie empfiehlt den Tee bei Katarrhen der Atemwege, Fieber und Rheuma. Die Pflanzenmedizin schätzt das Kraut eher innerlich und äußerlich bei Hauterkrankungen, Akne, Schorf- und Schuppenbildung. In der Homöopathie werden Ekzeme mit ihm behandelt.

Vorkommen *Getreideäcker, Unkrautflächen, Ödland, Schuttplätze. Europa, Westasien, Nordafrika.*

> ***Unkraut im Wintergetreide***
> ***Blüten nicht duftend***
> ***Kronblätter gelblich, obere weiß oder hellviolett***

Kalmus

Acorus calamus (Kalmusgewächse)
H 60–120 cm Juni–Juli Staude

Vorkommen Sümpfe, Ufer von Seen oder langsam fließenden Gewässern. Heimat Südostasien, bei uns eingebürgert.

- **bildet in Europa keine Früchte**
- **Vermehrung ausschließlich über Bruchstücke des Rhizoms**

Der Kalmus gehört zu den ältesten bekannten Heilpflanzen der Erde. Er wird sowohl in altpersischen Schriften als auch im Alten Testament der Bibel erwähnt. Nach Europa gelangte er im 16. Jahrhundert. Im Wurzelstock sind vor allem Bitterstoffe und ein ätherisches Öl enthalten. Er wird zu Appetit und Verdauung fördernden Bitterschnäpsen verarbeitet. In der Volksheilkunde äußerlich als Rheuma- und Durchblutung förderndes Mittel. Nicht verwenden bei Schwangerschaft, Magen- und Darmgeschwüren.

Schon gewusst?

Das Öl enthält mit ß-Asaron eine Komponente, die im Tierversuch Tumore und Erbschäden hervorruft. Daher werden medizinische Fertigpräparate aus der Kalmuswurzel mit besonders geringem Asaron-Gehalt hergestellt.

Gewöhnliche Haselwurz

Asarum europaeum (Osterluzeigewächse)

H 5–10 cm März–Mai Staude ☠

Obwohl die Wurzel in hoher Dosierung zum Tod führen kann, war sie im Mittelalter durchaus gebräuchlich. Die Haselwurz wurde als Brech- und Abführmittel, bei Wassersucht und Ischias empfohlen – missbräuchlich auch für Abtreibungen. Die moderne Pflanzenmedizin nutzt nur Fertigpräparate bei Entzündungen der Atemwege und Asthma.

Vorkommen *Laub- und Nadelmischwälder. Auf feuchten, meist kalkhaltigen Böden. Mittel- und Osteuropa, Westasien.*

> ***Blüte oft unter Laub am Boden verborgen***
> ***Blüten außen grünlich, innen rotbraun***

Vierblättrige Einbeere

Paris quadrifolia (Germergewächse)

H 10–30 cm Mai–Juni Staude ☠

Der wissenschaftliche Gattungsname *Paris* entstammt der griechischen Mythologie und zwar setzte man die Einbeere mit dem berühmten Erisapfel gleich (Urteil des Paris). Wie die Erklärung des Namens ist auch der Gebrauch dieser heute vergessenen Heilpflanze sagenhaft: Wer die Beeren bei sich trug, glaubte sicher vor der Pest zu sein. Verwendet wird das Kraut nur noch in der Homöopathie bei Kopfschmerz und Atemwegsentzündungen.

Vorkommen *Krautreiche, feuchte Mischwälder, Auwälder. Europa, Westasien.*

> ***zeigt Grund- oder Sickerwasser an***
> ***meist 4 Blätter kreuzförmig angeordnet***

Spitz-Wegerich 004

Plantago lanceolata (Wegerichgewächse)

H 10–50 cm   Mai–Sept.   Staude

Vorkommen *Fettwiesen, Weiden, Parks, Ödland, Äcker, Wegränder. Europa, Asien.*

> ***Blütenähre auf fünffurchigem Stängel***
> ***Blätter in grundständiger Rosette***

Die Blätter des Spitzwegerichs sind vielerorts als Hausmittel gegen Insektenstiche und kleine Wunden bekannt: Der frische Presssaft wirkt antibakteriell und verhindert Entzündungen. Die getrockneten Blätter werden als Tee bei Katarrhen der Atemwege und Entzündungen im Mund- und Rachenraum getrunken, sie gibt es auch als Fertigpräparat.

Breit-Wegerich

Plantago major (Wegerichgewächse)

H 5–40 cm   Juni–Okt.   Staude

Vorkommen *Wege, Plätze und Pflasterfugen, Rasen, Ödland. Weltweit.*

> ***Pionierpflanze, die sogar Trittbelastung verträgt***
> ***Rosettenblätter oft aufgerichtet***

Der Breit-Wegerich wird in der Volksheilkunde seltener verwendet als sein schmalblättriger Verwandter. Eingesetzt werden die Samen als Abführmittel und die Blätter bei Husten und als Wundmittel. Dafür verordnet ihn die Homöopathie bei unterschiedlichen Indikationen, unter anderem Hautausschlägen, Bettnässen, Wundschmerzen, Mittelohrentzündung.

Laubholz-Mistel

Viscum album ssp. *album* (Sandelholzgewächse)

H 20–50 cm Febr.–April Strauch ☠

In der germanischen Mythologie kam der Mistel eine magische Bedeutung zu. Ein aus ihrem Holz gefertigter Pfeil tötete den unverwundbaren Baldur und gallische Druiden schnitten sie mit goldenen Sicheln für ihre Zaubertränke – von der Magie ist nur der Kuss unter dem Mistelzweig geblieben. Der Tee aus dem Kraut und Extrakte sollen gegen hohen Blutdruck und vorbeugend gegen Arteriosklerose helfen, in der Volksheilkunde kommen unter anderem Epilepsie, Asthma und Keuchhusten hinzu.

Vorkommen *Halb-Parasit auf Laubbäumen. Selten oder zerstreut. Europa, Asien.*

> ***andere Unterarten parasitieren auf Nadelbäumen***
> ***männliche und weibliche Blüten auf unterschiedlichen Pflanzen***

Schon gewusst?

Viele Anwendungen der Mistel sind umstritten. Die aus der anthroposophischen Medizin stammende Injektion von Mistelextrakten schein jedoch die körpereigene Immunabwehr bei gutartigen und bösartigen Tumoren anzuregen („Reiztherapie“).

Gewöhnlicher Efeu

Hedera helix (Araliengewächse)

H 50–200 cm   Sept.–Nov.   Strauch ☠

Vorkommen *Mischwälder, Auwälder, Parks und Mauern. Europa, Südwestasien.*

> ***immergrüne Kletterpflanze mit Haftwurzeln***
> ***Blätter an Blütentrieben***

Efeu ist eine uralte Heil- und Kultpflanze, die sowohl Dionysos als auch Bacchus zugeordnet wurde. Die Blätter enthalten verschiedene Wirkstoffe, die das Abhusten von Schleimen erleichtern und Krämpfe lösen. Heute greifen Ärzte wegen der Giftigkeit bei Husten, Bronchitis und Asthma lieber auf Fertigpräparate zurück. Nur in der Volksheilkunde waren außerdem als Packungen angewandte Efeublätter bei Hautkrankheiten und Rheuma üblich.

8–10 mm dicke Beeren

Blatt am Blütentrieb rhombisch bis oval, sonst 3–5-eckig

Blüten 5 mm breit

Blatt am nicht blühenden Trieb 3–5-eckig

Blüten in Dolden

Schon gewusst?

Efeu ist von großer Bedeutung für die heimische Tierwelt. Da er ungewöhnlich spät blüht, finden Insekten noch im Herbst Nektar. Im nächsten Frühling fressen Singvögel gerne von den Beeren und bauen ihre Nester gut versteckt zwischen den Blättern.

Weiß-Tanne

Abies alba (Kieferngewächse)

H bis 50 m Mai–Juni Baum

Die Weiß-Tanne liefert ätherisches Öl, das aus den Nadeln und den Zapfen gewonnen wird. Es fördert das Aushusten von Schleim bei Erkältungskrankheiten und hat antimikrobielle Wirkung. Tannenöl ist in Fertigarzneien zum Einreiben (Haut reizend), auch als Balsam oder als Zusatz für Inhalationsbäder enthalten. Auch die Homöopathie setzt die jungen, unverholzten Zweigspitzen mit Nadeln und Zapfen bei Erkrankungen der Atemwege ein. Nicht verwenden bei Bronchialasthma.

Vorkommen *Mittel- und Hochgebirge, bis 1000 m. Häufig. Mittel- bis Südeuropa.*

> ***Zapfen mit spiraligen Schuppen***

> ***Schuppen lösen sich einzeln, nicht der Zapfen als Ganzes***

Schon gewusst?

Früher wurde viel das „Straßburger Terpentin“ verwendet. Man gewann es aus kleinen Harztropfen, die aus der Rinde austraten. Es wurde äußerlich bei Rheuma und Neuralgien, innerlich bei erkrankten Bronchien angewandt.

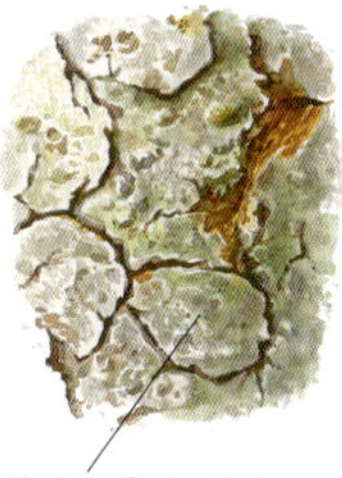

Libanon-Zeder

Cedrus libani (Kieferngewächse)
H bis 50 m Aug.–Okt. Baum

***Vorkommen** Kleinasien, Libanon, als Zier- und Parkbaum auch in Mitteleuropa.*

- > ***immergrün***
- > ***Zapfen aufrecht, an der Spitze flach***
- > ***meist mehrstämmig***

Die in der Antike gerühmten, gerade gewachsenen Bäume lieferten nicht nur Bauholz für Tempel. Das aus dem Holz destillierte ätherische Öl – auch anderer Zedernarten – wurde bei Erkrankungen der Atmungsorgane inhaliert oder eingenommen, um den Schleim zu lösen. Es ist noch heute in bekannten Einreibemitteln enthalten.

Echte Zypresse

Cupressus sempervirens (Zypressengewächse)
H bis 30 m April–Juni Baum

***Vorkommen** Östliches Mittelmeergebiet, Vorderasien, häufig angepflanzt und in Südeuropa eingebürgert.*

- > ***immergrün***
- > ***säulenförmiger Wuchs***
- > ***Nadeln schuppenförmig***

Das ätherische Öl aus Blättern und jungen Zweigen fördert das Aushusten zäher Schleime bei Erkältungskrankheiten und ist in Schnupfensalben und Einreibemitteln enthalten. Wegen des intensiven Dufts werden einige der Komponenten in Parfüms, Badeölen und Raumsprays verarbeitet. In der Homöopathie nutzt man das Öl bei Kopf- und Gelenkschmerzen.

Gewöhnlicher Wacholder

Juniperus communis ssp. *communis* (Zypressengewächse)

H 30–100 cm   Aug.–Okt.   Strauch

Die Germanen kannten den Wacholder bereits. Im Mittelalter verbrannte man das Holz gegen Hexenzauber und glaubte sich mit den Beeren vor der Pest schützen zu können. Die Beeren sind eine Wasser treibende Droge. Von längerem Gebrauch wird aber wegen möglicher Nierenschäden abgeraten – Wacholderbeeren als Gewürz sind demgegenüber unkritisch. Das ätherische Öl aus dem Holz wird für Rheumaeinreibungen verwendet. Nicht verwenden bei Nierenerkrankungen und in der Schwangerschaft.

Vorkommen *Heiden, magere Weiden, trockene Wälder. Meist auf kalkhaltigen Böden. Nördliche Hemisphäre.*

> ***männliche und weibliche Blüten meist auf unterschiedlichen Pflanzen***
> ***Zapfen beerenartig fleischig***

Gesundheits-Tipp

Tee gegen Verdauungsstörungen mit Sodbrennen und Völlegefühl: Pro Tasse 1 gestrichenen TL zerstoßener Beeren mit kochendem Wasser übergießen. 10–15 Minuten ziehen lassen und abseihen. Anwendung zur Sicherheit mit dem Arzt absprechen.

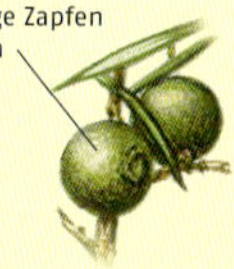

Sadebaum

Juniperus sabina (Zypressengewächse)

H 100–120 cm April–Mai Strauch ☠

***Vorkommen** Trockene, felsige bis steinige Standorte. Gebirge von Mittel- und Südeuropa, Nordafrika, Asien.*

- ***immergrün***
- ***Nadeln riechen unangenehm beim Zerreiben („Stinkwacholder")***

Das Öl in den Zweigspitzen und Früchten kann tödlich wirken. Es reizt Haut und Schleimhäute und galt im Mittelalter als Abtreibungsdroge („Jungfernwacholder"). In der Volksheilkunde verwendete man den Strauch als Warzenmittel, bei Menstruationsstörungen, Blasenreizungen und äußerlich als Rheumamittel.

Europäische Lärche

Larix decidua (Kieferngewächse)

H bis 35 m März–Juni Baum

***Vorkommen** Heimat Alpen und Karpaten. Als Forstbaum weithin angepflanzt und eingebürgert.*

- ***sommergrün***
- ***30–40 Nadeln in Büscheln***
- ***goldgelbe Herbstfärbung***

In der Bachblütentherapie soll die Larch-Essenz aus den Blüten das Selbstwertgefühl steigern. In der Pflanzenmedizin verlässt man sich auf das Lärchenterpentin, das aus dem Harz der Stämme gewonnen wird. Es wird ausschließlich äußerlich in Form von Salben, Pflastern und Emulsionen bei Rheuma, Neuralgien sowie Furunkeln angewandt.

Gewöhnliche Fichte

Picea abies (Kieferngewächse)

H bis 50 m April–Juni Baum

Medizinisch genutzt werden die Triebspitzen, die Nadeln und das Öl daraus. Die Wirkstoffe wirken antimikrobiell und fördert das Aushusten von Schleimen bei Erkältungskrankheiten und Katarrhen der Luftwege. Äußerlich angewandt hilft das Öl bei Durchblutungsstörungen, Rheuma und Neuralgien. Fichtenöl ist ein Bestandteil des Franzbranntweins. Die frischen Zweigspitzen als Aufguss galten in der Volksheilkunde als Mittel gegen Skorbut und Tuberkulose. Nicht verwenden bei Asthma und Herzinsuffizienz.

Vorkommen *Mittel- und Hochgebirge bis 800 m. Nord- und Mitteleuropa, Alpen, bis Sibirien, häufiger Forstbaum.*

- ***immergrün***
- ***Nadeln nach allen Seiten abstehend***
- ***reife Zapfen lösen sich als Ganzes vom Baum***

Gesundheits-Tipp

Inhalationsbad bei Erkältung: Einige Tropfen Fichtenöl in eine Schüssel dampfend heißen Wassers geben. Mit dem Kopf unter einem Handtuch die Dämpfe einatmen, anschließend ruhen.

Berg-Kiefer

Pinus mugo ssp. mugo (Kieferngewächse)

H 1–5 m Mai–Juli Baum

***Vorkommen** Moore der Mittelgebirge. Alpen und Karpaten oberhalb der Baumgrenze.*

> ***immergrün, strauchige Wuchsform***
> ***überlebt unter Schneebedeckung***
> ***Zapfen im 2. Jahr reif***

Das so genannte Latschenkieferöl stammt aus den Nadeln und frischen Zweigspitzen der Berg-Kiefer. Das „Kiefernnadelöl" aus der Apotheke darf aber Bestandteile aus Berg- und Wald-Kiefern enthalten. In seiner Wirkung gleicht es den Ölen anderer Nadelbäume: Es fördert das Aushusten von Schleimen bei Erkältungskrankheiten und Bronchitis. Äußerlich wird es zum Einreiben und als Badezusatz verwendet. Nicht verwenden bei Asthma und Herzinsuffizienz.

Gesundheits-Tipp

Bei Erkältung wird Latschenkieferöl aus der Apotheke wie Fichtenöl angewendet. Bei Rheuma und Neuralgien trägt man mehrmals täglich 5–10 Tropfen auf die schmerzenden Stellen auf und massiert sie ein.

Strand-Kiefer

Pinus pinaster (Kieferngewächse)

H bis 40 m April–Juni Baum

Aus dem Harz (Balsam), das bei Verwundung des Stammes ausfließt, wird das Terpentinöl destilliert. Der zähe Rückstand liefert das Kolophonium (Bogenharz) für die Bögen von Streichinstrumenten. Terpentinöl ist ein Inhalationsmittel, das bei chronischen Bronchialerkrankungen und zu Einreibungen bei Rheuma und Neuralgien verordnet wird.

Vorkommen *Küsten, magere, kalkarme Sandböden im westlichen Mittelmeergebiet.*

> **immergrün**
> **alte Bäume mit rissiger Borke**
> **Nadeln stets paarweise**

Wald-Kiefer

Pinus sylvestris var. *sylvestris* (Kieferngewächse)

H bis 40 m Mai–Juni Baum

Das Öl der Wald-Kiefer wird genauso wie die anderen Nadelholzöle angewandt – bei Erkältungskrankheiten und Durchblutungsstörungen. In der Volksheilkunde greift man allerdings direkt auf die frischen Sprosse zurück, zur Inhalation bei Erkältungskrankheiten, um Bäder zu aromatisieren oder Sirup aus dem Auszug zu kochen.

Vorkommen *Dünen, Felsen, Moore. Auf trockenen Böden. Weithin als Waldbaum angepflanzt.*

> **immergrün**
> **weibliche Blüten an der Spitze der Neutriebe**
> **männliche Blüten darunter**

Europäische Eibe

Taxus baccata (Eibengewächse)

H bis 15 m März–Mai Baum ☠

Vorkommen *Wild nur selten, vereinzelt in Wäldern. Park und Zierbaum.*

- ***immergrün***
- ***männliche und weibliche Blüten auf unterschiedlichen Pflanzen***
- ***Nadeln weich, in 2 Reihen***

Eiben wachsen sehr langsam und sind selten, daher sind dichtere Bestände oft die Folge uralter Anpflanzungen: Druiden pflanzten sie an heiligen Stätten, um aus dem Holz Zauberstäbe herzustellen, in der Nähe von Burgen waren sie Grundlage zur Langbogenherstellung. Englische Christen pflanzten sie auf Friedhöfen an. Obwohl die Eibe tödlich giftig ist, nutzte man sie in der Volksheilkunde als Wurmmittel, bei Herzschwäche und zur Förderung der Menstruation.

Schon gewusst?

Das Taxol aus der Rinde einer amerikanischen Eibenart (T. brevifolia) hemmt gezielt die Zellteilung und wird zur Therapie bestimmter Krebsarten verwendet. Inzwischen ist es möglich, die Rohstoffe für diese Droge aus den Nadeln anderer Eiben zu gewinnen.

Schwarz-Erle

Alnus glutinosa (Birkengewächse)

H bis 25 m März–April Baum

Die Rinde der Schwarz-Erle wird ausschließlich in der Volksheilkunde und Homöopathie verwendet. Erstere nutzt die Gerbstoffe und bereitet daraus eine Abkochung zum Gurgeln bei Entzündungen im Mund- und Rachenraum oder in Form von Klistieren bei Darmblutungen. Homöopathisch gilt Erlenrinde als heilend bei Hauterkrankungen.

***Vorkommen** Auwälder, Bäche, Quellhorizonte. Ganz Europa bis Sibirien, Nordafrika.*

> ***Blüten erscheinen vor dem Laub***
> ***Frucht zapfenartig***
> ***Blätter wechselständig***

Hänge-Birke

Betula pendula (Birkengewächse)

H bis 25 m April–Mai Baum

Spätestens seit Hildegard von Bingen ist die Heilkraft dieses Baumes bekannt. Die getrockneten Blätter wirken harntreibend, ohne die Nieren zu reizen; sie werden bei bakterieller Infektion der Harnwege empfohlen. In der Volksheilkunde gelten die Blätter als Mittel gegen Rheuma, Arthritis und Gicht. Der frische Birkensaft im Frühling soll Haarausfall beheben.

***Vorkommen** Laub- und Nadelwälder, magere Weiden, Heiden, Ödland. Europa, Westasien.*

> ***sommergrün***
> ***männliche Kätzchen hängend***
> ***Nussfrüchte mit 2 breiten Flügeln***

Edel-Kastanie

Castanea sativa (Buchengewächse)

H bis 30 m Juni Baum

Vorkommen *Heimat Südwestasien, Südeuropa, seit der Römerzeit nördlich der Alpen in wintermilden Regionen eingebürgert.*

- > ***männliche Blüten in aufrechten Kätzchen***
- > ***weibliche Blüten darunter***
- > ***Frucht in einem stacheligen Becher***

Das bekannteste Produkt der Edel-Kastanie sind die stärke- und zuckerreichen Samen, die Maronen. In der Heimat des Baumes sind sie nicht nur als Nährmittel, sondern auch als mildes Hausmittel gegen Durchfall bekannt. Die eigentliche medizinische Wirkung haben jedoch die gerbstoffhaltigen Blätter. Von der Pflanzenmedizin werden sie kaum genutzt, in der Volksmedizin als Hustenmittel, bei Durchfall, Halsentzündungen (Gurgeln), Durchblutungsstörungen und Beinschmerzen.

Gesundheits-Tipp

Tee bei Atembeschwerden: Pro Tasse 2 TL fein zerschnittener Blätter mit kaltem Wasser aufgießen und zum Kochen bringen. Sofort abseihen, abkühlen lassen und 2–3 Tassen pro Tag trinken.

Johannisbrotbaum

Ceratonia siliqua (Johannisbrotgewächse)

H 2–10 m Juli–Sept. Strauch oder Baum

Die Samen wiegen konstant 0,18 g – das entspricht genau 1 Karat, weshalb sie früher als Juwelengewicht verwendet wurden. Das weitgehend unverdauliche Mehl aus den Samen wird als Zusatzstoff zum Eindicken von Babynahrung, als Diätlebensmittel für Diabetiker und Bindemittel bei der Tablettenherstellung genutzt. Die Hülsen gelten als Hausmittel gegen Durchfall.

__Vorkommen__ Macchien, felsige Hänge. Auf nährstoffarmen Böden. Mittelmeergebiet, Westasien, Nordafrika.

> **immergrün**
> **Blätter paarig gefiedert**
> **Blüten entspringen direkt aus den Ästen**

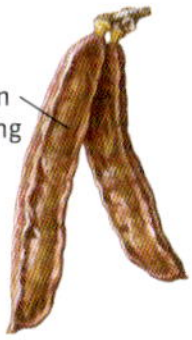

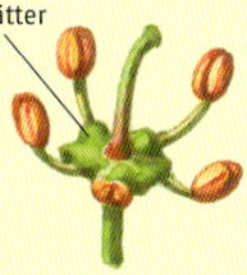

Rotbuche

Fagus sylvatica (Buchengewächse)

H bis 40 m April–Mai Baum

Holzkohle bzw. Teer aus Buchenholz wird vielfältig in der Homöopathie, in der Volksheilkunde früher als Rheumamittel und bei Hautkrankheiten eingesetzt. Das aus Bucheckern gepresste Öl ist ungiftig, während die Früchte Übelkeit und Bauchschmerzen hervorrufen können. Die Bachblütenessenz Beech soll Toleranz fördern.

__Vorkommen__ Wälder. Auf kalkreichen, lehmigen Böden. Mittel- und Westeuropa, Gebirge Südeuropas.

> **sommergrün**
> **weibliche Blüten in einem Becher**
> **Früchte in 4-klappigem Fruchtbecher**

Echte Feige

Ficus carica (Maulbeergewächse)
H 200–1000 cm Juni–Sept. Strauch

***Vorkommen** Heimat Mittelmeergebiet, Kleinasien bis Nordwestindien, vielerorts als Fruchtbaum kultiviert.*

> ***Laub abwerfender Baum***
> ***Blüten in Becher verborgen***
> ***Pflanzenteile mit Milchsaft***

Dass Adam und Eva ihre Blöße symbolisch mit einem Feigenblatt bedeckten, ist sicher kein Zufall, war die Feige doch bereits seit den Assyrern als Kulturpflanze bekannt. In der arabischen Welt gelten die Feigen allein oder in einem Milchsud mit Safran, Mandeln, Pistazien unter anderen Zutaten als Aphrodisiakum. Frisch sind sie als ein mildes Abführmittel und als Hausmittel gegen Hämorrhoiden, Nieren- und Blasensteine in Gebrauch. Die Blätter werden bei Wunden, Verdauungsbeschwerden und Wurmbefall verordnet.

Schon gewusst?

In den Blättern und den unreifen Früchten ist ein proteinabbauendes Enzym enthalten. Daher fügt man in der Heimat des Strauches Fleischeintöpfen oder Ragouts Feigen bei, um zähes Fleisch mürber zu machen.

Gewöhnliche Esche

Fraxinus excelsior (Ölbaumgewächse)

H bis 40 m   April–Mai   Baum

Die Esche ist eine Pflanze der Volksheilkunde, die von der Medizin nicht genutzt wird, mit Ausnahme der Homöopathie. Die Blätter enthalten Gerbstoffe, Schleime und Pflanzensäuren; sie werden als harntreibender Tee bei Rheuma, Gicht, Steinleiden, als mildes Abführmittel und zur Behandlung schlecht heilender Wunden genutzt.

Vorkommen *Auwälder, Mischwälder, Bach- und Flussufer. Europa, Kleinasien bis Kaukasus.*

- ***sommergrün***
- ***Pionierbaum auch auf trockenen Standorten***
- ***Blüten erscheinen vor den Blättern***

Ginkgo

Ginkgo biloba (Ginkgogewächse)

H bis 30 m   März–April   Baum

Die Blätter des Ginkgos werden in der chinesischen Medizin vor allem bei Asthma verordnet. In der westlichen Medizin setzt man ausschließlich Fertigpräparate ein, deren Wirkung allerdings umstritten ist. Ginkgo-Präparate sollen die Durchblutung verbessern, Gedächtnis- und Gehirnleistungen steigern, die altersbedingt abnehmen.

Vorkommen *Heimat China, weltweit als Park- und Zierbaum kultiviert.*

- ***sommergrün***
- ***ursprünglicher Nacktsamer (Nadelbaumverwandter)***
- ***männliche und weibliche Blüten auf unterschiedlichen Pflanzen***

Gewöhnlicher Sanddorn

Hippophae rhamnoides ssp. *rhamnoides* (Ölweidengewächse)

H bis 500 cm März–Mai Strauch

Vorkommen *Schotterflächen von Gebirgsflüssen, Dünen. Europa, Asien, angepflanzt zur Bodenbefestigung.*

> ***bedornter Strauch***
> ***männliche und weibliche Blüten auf unterschiedlichen Pflanzen***
> ***Blüten unscheinbar in dichten Blütenständen***

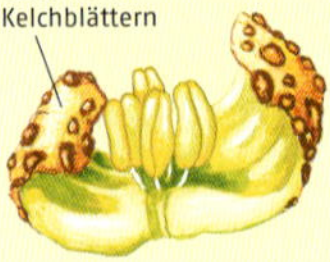

Sanddornbeeren sind ungewöhnlich reich an den Vitaminen C, E, F, einigen B-Vitaminen und Provitamin A. Sie enthalten Fruchtsäuren und 7 % fettem Öl. Mit dem gereinigten Öl werden in Russland Strahlenschäden und Wunden behandelt, die indische Medizin kennt es als Lungenmittel. Die rohen Beeren sind zwar ungenießbar, doch in der westlichen Medizin nutzt man ihren Saft zur Vorbeugung gegen Erkältungskrankheiten oder bei Vitamin-C-Mangel. Er wird Fruchtsäften und Obstkonserven beigemischt.

Gesundheits-Tipp

Sanddornmarmelade: Wo der Sanddorn reichlich vorkommt, lohnt sich der Versuch, eine Marmelade zu kochen. Kochen Sie 150 g frische Beeren mit 100 g Zucker auf, bis die Beeren zerfallen. Durch ein Sieb passieren, nochmals kurz aufkochen, in Gläser füllen und erkalten lassen.

Echte Walnuss

Juglans regia (Walnussgewächse)
H bis 25 m Mai Baum

Die Samen der Walnuss werden als Nahrungs- und Genussmittel verzehrt, die Fruchtschalen dienten zum Färben, nur die Blätter und Früchte nutzte man als Medizin. Die Blätter enthalten Gerbstoff; sie dienten in Form von Umschlägen, Waschungen und Spülungen dazu, Hautunreinheiten, Ekzeme, Fußschweiß und Wunden zu heilen. Der Blatttee war nur in der Volksheilkunde als Magen- und Darmmittel üblich. In den grünen Fruchtschalen ist zusätzlich ein Farbstoff zum Braunfärben von Haaren enthalten.

Vorkommen *Heimat Balkanhalbinsel bis Südwestasien, als Fruchtbaum vielerorts kultiviert und eingebürgert.*

> ***sommergrün***
> ***2–3 weibliche Blüten am Ende der Triebe***
> ***Blätter wechselständig, gefiedert***

Gesundheits-Tipp

Bad gegen Fußschweiß: 4–6 TL zerkleinerte Blattfiedern mit 200 ml kaltem Wasser übergießen. Zum Kochen bringen und 3–5 Minuten kochen lassen. Weitere 15 Minuten ziehen lassen, abseihen und in eine Fußwanne gießen. Mehrmals täglich die Füße baden.

Mastixbaum

Pistacia lentiscus (Sumachgewächse)

H 1–3 m März–Juni Strauch bis Baum

Vorkommen *Trockene Wälder, Macchien, Garigues. Mittelmeergebiet.*

> ***immergrün***
> ***männliche und weibliche Blüten auf unterschiedlichen Pflanzen***
> ***4 mm große schwarze Steinfrüchte***

Mastix ist ein Harzbalsam, das durch Einschnitte in die Rinde des Gehölzes gewonnen wird. Es diente dazu, Wundverbände festzukleben und wird zum Ankleben künstlicher Bärte verwendet. In den Heimatländern behandelt man mit dem Balsam Husten und Bronchialerkrankungen, Magenbeschwerden und mit den Blättern hohen Blutdruck.

Eichen

Quercus spec. (Buchengewächse)

H 30–50 m Mai Baum

Vorkommen *Laubwälder, vielerorts auch angepflanzt.*

> ***Stiel-Eiche mit gestieltem, Trauben-Eiche mit sitzendem Fruchtstand***
> ***Blüten erscheinen vor den Blättern***
> ***Blattbasis der Stiel-Eiche mit, der Trauben-Eiche ohne Öhrchen***

Die Kraft der knorrigen Eiche soll sich in der Bachblütenessenz Oak auf den Benutzer übertragen. Die Rinde wird seit Dioskurides äußerlich angewandt. Ihre Gerbstoffe wirken Blut stillend, zusammenziehend und stillen den Juckreiz bei Hautkrankheiten, Wunden, Hämorrhoiden und Entzündungen im Mund- und Rachenraum (Gurgeln).

Stacheliger Mäusedorn

Ruscus aculeatus (Spargelgewächse)
H 10–80 cm Okt., Feb.–April Strauch

Der Name des Mäusedorns geht angeblich darauf zurück, dass Metzger damit ihr Fleisch vor Mäusen schützten. Sein Wurzelstock enthält eine entzündungshemmende und entwässernde Substanz. Sie ist als Extrakt in Venenmitteln enthalten. Auch die Volksheilkunde benutzte Mäusedorn gegen Entzündungen und zur Entwässerung.

Vorkommen *Wälder, Gebüsche. Mittelmeergebiet, Westfrankreich bis Belgien, Südwestasien.*

- ***immergrüner Strauch***
- ***männliche und weibliche Blüten auf unterschiedlichen Pflanzen***
- ***Stängel blattartig verbreitert***

Feld-Ulme

Ulmus minor (Ulmengewächse)
H bis 40 m März–April Baum

In der Volksheilkunde Frankreichs wurde die Ulme als Mittel gegen chronische Hautkrankheiten sehr geschätzt. Die Rinde junger Zweige enthält Gerbstoffe, die gegen Durchfall, Verdauungsstörungen, zur Entwässerung und bei Entzündungen im Mund- und Rachenraum verwendet wurden. Die Bachblütenessenz Elm soll Selbstvertrauen und Sicherheit schenken.

Vorkommen *Auwälder, Feldgebüsche, Steinbrüche. Süd- und Mitteleuropa, Südwestasien, Nordwestafrika, als Straßenbaum gepflanzt.*

- ***sommergrün***
- ***Blüten erscheinen vor den Blättern***
- ***Blätter am Grund asymmetrisch***

Silber-Weide

Salix alba var. *alba* (Weidengewächse)

H bis 30 m April–Mai Strauch bis Baum

Vorkommen *Fluss-, Bach- und Seeufer. Auf teilweise überschwemmten Böden. Europa, Asien.*

- ***größte heimische Weidenart***
- ***männliche und weibliche Blüten auf unterschiedlichen Pflanzen***
- ***Blüten erscheinen zusammen mit den Blättern***

Weidenrinde nannte man auch „Europäische Fieberrinde", da sie Fieber senkt. In ihr ist Salicin enthalten, aus dem im Körper die Salicylsäure gebildet wird, die chemisch mit dem Wirkstoff im Aspirin verwandt ist. In der Volksheilkunde wurden Abkochungen der Rinde daher bei Rheuma, Kopf- und neuralgischen Schmerzen, bei fiebriger Erkältung und Gicht eingenommen. Die Bachblütenessenz Willow soll verbitterte Menschen aufhellen. Nicht während der Schwangerschaft verwenden.

Gesundheits-Tipp

Weidenrindentee bei Magen- und Darmbeschwerden: Pro Tasse 1 TL fein zerkleinerte Weidenrinde mit kaltem Wasser übergießen, langsam zum Sieden erhitzen und vom Herd nehmen. 5 Minuten ziehen lassen und abseihen.

Echter Weinstock

Vitis vinifera ssp. *vinifera* (Weinrebengewächse)

H bis 1000 cm   Juni–Juli   Strauch

Obwohl die Weinrebe auch nördlich der Alpen vorkommt, führten erst die Römer bei uns die Weinkultur ein. Die Weinblätter enthalten Flavonoide und Gerbstoffe. Sie wurden in der Volksheilkunde bei Hautleiden und Blutungen verwendet, moderne Präparate bieten Extrakte als Venenmittel an. Die unvergorenen Trauben wirken wie ein leichtes Abführmittel; eine „Traubenkur" sollte bei Stoffwechselkrankheiten, Fettsucht und Herzleiden helfen.

***Vorkommen** Auwälder, Flussufer. Heimat Südosteuropa, Westasien, in vielen Kultursorten angebaut und meist verwildert.*

> **sommergrüne Kletterpflanze**

> **bei Wildformen männliche und weibliche Blüten auf unterschiedlichen Pflanzen**

Schon gewusst?

Sowohl in Rot- wie in Weißwein sind phenolische Verbindungen enthalten, die antioxidativ wirken. Sie erhöhen das „gute" HDL-Cholesterin im Blut und bieten damit einen gewissen Schutz vor Herz- und Kreislauferkrankungen – bei mäßigem Weingenuss!

Blätter 3–5-lappig

rote Kultur-Weintrauben

Blüten unscheinbar, duftend

verzweigter Blütenstand

Gewöhnlicher Frauenmantel

Alchemilla xanthochlora (Rosengewächse)

H 10–70 cm Mai–Sept. Staude

***Vorkommen** Wiesen, Weiden, Gebüsche, Waldwege, Gräben. Auf feuchten Böden. Ganz Europa.*

> ***Blätter scheiden Wassertröpfchen aus***
> ***Blattoberfläche kann nicht benetzt werden***

Der Name soll an den Mantel Mariens erinnern. Die Pflanze war bei den Germanen der Göttin Frigga geweiht und dort schon für Frauenleiden in Gebrauch, beispielsweise bei schmerzhaften Monatsblutungen, Beschwerden des Klimakteriums und Ausfluss. Daneben war sie in der Volksheilkunde als Heilmittel gegen Schleimhautentzündungen und Hautwunden bekannt.

Saat-Hafer

Avena sativa (Süßgräser)

H 60–150 cm Juni–Aug. einjährig

***Vorkommen** Heimat Mittelmeergebiet, feldmäßiger Anbau und verwildert an Wegrändern und auf Schuttplätzen.*

> ***am Grunde büscheliges Gras***
> ***Ährchen mit 2 Blüten und langer Granne***
> ***Blütenstand 15–30 cm hoch***

Hafer ist vor allem ein Nahrungsmittel, das hohe Cholesterinwerte absenken soll. Haferschleim aus den Flocken hilft bei Durchfallerkrankungen, als Hausmittel in Form von „Grünem Hafer“ aber auch gegen Erschöpfung, Gicht und Rheuma. Haferstroh als Bad wird in der Volksheilkunde gegen Hautentzündungen und -leiden, Juckreiz, Gicht und Rheuma empfohlen.

Hanf

Cannabis sativa (Hanfgewächse)

H 30–250 cm Juli–Okt. einjährig

Hanf ist eine uralte Heil- und Rauschpflanze, die bereits 2700 v. Chr. in einem chinesischen Arzneibuch erwähnt wird. In der chinesischen Medizin wird Hanf bis heute verwendet. In Europa wurde der Hanf bis in die Neuzeit vorrangig als Faserpflanze genutzt. Die Blütenstände der weiblichen Pflanzen enthalten Terahydrocannabinol (THC). Die Droge senkt den Augeninnendruck, mindert den Brechreiz bei krebsbedingter Chemotherapie, verbessert den Appetit von AIDS-Patienten und lindert Schmerzen.

Vorkommen *Heimat Südostasien, weltweit als Öl- und Faserpflanze angebaut.*

> ***Sorten zur Fasergewinnung weitgehend frei von THC***

> ***männliche und weibliche Blüten auf unterschiedlichen Pflanzen***

Schon gewusst?

Die Nachfrage nach Hanf als nachwachsender Rohstoff nimmt kontinuierlich zu. Nach europäischem und inzwischen auch deutschem Recht darf nur der so genannte Faserhanf (THC-Gehalt unter 0,3 %) angebaut werden.

Sand-Segge

Carex arenaria (Sauergräser)

H 10–50 cm Mai–Juni Staude

Vorkommen *Heiden, Dünen auf Sandböden. West-, Nord- und Mitteleuropa.*

> ***Wurzelstock bildet lange Ausläufer***
> ***Stängel 3-kantig***
> ***Pflanze duftet beim Zerreiben aromatisch***

Die Sand-Segge wurde erst Mitte des 18. Jahrhunderts als Heilpflanze entdeckt. Die Wurzel galt als Heilmittel gegen die Syphilis, als nördlicher Ersatz für die teure Smilax-Wurzel (Sarsaparille). Sie ist harn- und schweißtreibend und wurde in der Volksheilkunde als Blutreinigungsmittel, zur Gicht- und Rheuma-Prophylaxe und bei Hautleiden verwendet.

Scheinhanf

Datisca cannabina (Scheinhanfgewächse)

H 1–2 m Juni–Sept. Staude

Vorkommen *Flussufer, Wälder. Zypern, Kreta, Südwestasien bis Himalaja.*

> ***Aussehen erinnert an den Kulturhanf***
> ***männliche und weibliche Blüten auf unterschiedlichen Pflanzen***

Bedingt durch die Verbreitung hat der Scheinhanf keine große Bedeutung in der europäischen Volksheilkunde, die Wirkstoffe werden aber in Fertigarzneimitteln angeboten. Der gelbe Farbstoff Datiscin in Kraut und Wurzeln soll der Wirkung des Insulins ähnlich sein. Auch in der Homöopathie wird Scheinhanf bei Diabetes verordnet.

Gewöhnliche Quecke

Elymus repens (Süßgräser)

H 30–150 cm   Juni–Aug.   Staude

Der englische Kräuterarzt John Gerard (1597) nannte die Quecke einen „unwillkommenen Gast“ auf den Feldern, dessen „medizinische Tugenden“ das aber wettmachen. Damit fasst er auch die heutige Einschätzung der Queckenwurzel zusammen. Sie ist harntreibend bei Entzündungen der Harnwege und wird von der Volksheilkunde unter anderem auch als Abführmittel, bei Bronchialleiden, Rheuma und Gicht empfohlen. Nicht verwenden bei Ödemen, Herz- und Nierenkrankheiten.

Vorkommen *Unkrautfluren, Gärten, Äcker, Flussufer. Europa, Asien.*

- > ***Ausläufer treibendes Gras***
- > ***Ährchen in einem zweizeiligen Blütenstand***

Gesundheits-Tipp

Tee bei Katarrhen der Atemwege: Pro Tasse 2–3 TL der Wurzel mit kochendem Wasser übergießen, nach 10 Minuten abseihen. Täglich bis zu 4 Tassen.

Zypressen-Wolfsmilch

Euphorbia cyparissias (Wolfsmilchgewächse)

H 10–30 cm April–Aug. Staude ☠

***Vorkommen** Magere Weiden, Rasen, Wege und Wegraine, Ödland. Auf trockenen, kalkreichen Böden. Europa.*

> ***Pflanze mit weißem Milchsaft***
> ***4 halbmondförmige Nektardrüsen***
> ***unscheinbare Blüten***

Der giftige Milchsaft ist möglicherweise krebserregend und reizt Haut und Schleimhäute. Er darf auf keinen Fall mit den Augen in Kontakt kommen und ist nicht für eine Selbstmedikation geeignet! Früher legte man die Wurzel in Essig ein und nutzte sie als Hausmittel bei Verstopfung und Zahnschmerzen, den frischen Milchsaft gegen Warzen.

Mehrzeilige Gerste

Hordeum vulgare (Süßgräser)

H 50–150 cm Mai–Juni einjährig

***Vorkommen** Nur als Kulturpflanze bekannt.*

> ***Malz aus den Samen Grundstoff der Bierbrauer***
> ***Pflanze blaugrün bereift***

Der weitaus größte Teil der Gerstenernte fließt natürlich in die Brauereien. Das dabei hergestellte Gerstenmalz wird aber auch zu Malzbonbons verarbeitet, die den rauen Hals bei Katarrhen beruhigen. Aus den Körnern stellte man als altes Hausmittel gegen Durchfall und Magen-Darm-Beschwerden einen Schleim her.

Gewöhnlicher Hopfen

Humulus lupulus (Hanfgewächse)

H 200–400 cm   Juli–Aug.   Staude

Ausschließlich die unbefruchteten, weiblichen Pflanzen werden angebaut. Nur sie lagern in den Hopfenzapfen die begehrten Bitterstoffe für das Bier ab. In der Pflanzenmedizin wird Hopfen als beruhigendes und Schlaf förderndes Mittel eingesetzt. Vor allem in der Volksheilkunde regt der bittere Hopfentee Appetit und Verdauung an. Bereits seit dem Mittelalter ist bekannt, dass Hopfen die sexuelle Erregbarkeit reduziert. Achtung: Bei Hautkontakt können Reizungen auftreten!

Vorkommen *Auwälder, Waldränder. Selten, meist kultiviert. Süd- und Mitteleuropa, Südwestasien, Nordamerika.*

> ***männliche und weibliche Blüten auf unterschiedlichen Pflanzen***

> ***Kletterpflanze***

männlicher Blütenstand 5–10 cm lang

untere Blätter 3–5-lappig

fadenförmige Narben

weiblicher Hopfenzapfen

obere Blätter einfach

Hopfenzapfen (weiblicher Blütenstand) hängend

Gesundheits-Tipp

Tee zum besseren Einschlafen: Pro Tasse 1–2 TL Hopfenblüten mit heißem Wasser übergießen, nach 10 Minuten abseihen. Vor dem Schlafengehen trinken, die Bitterkeit mit Honig abmildern. Es ist auch möglich, das Kraut mit Baldrian 1 : 1 zu mischen.

Wald-Bingelkraut

Mercurialis perennis (Wolfsmilchgewächse)

H 15–30 cm April–Mai Staude ☠

Vorkommen *Krautreiche Wälder. Auf feuchten Böden. Europa, Südwestasien.*

> ***zeigt Grundwasser im Boden an***
>
> ***männliche und weibliche Blüten auf unterschiedlichen Pflanzen***

Das Kraut wird bereits im 4./5. Jahrhundert v. Chr. als abführend und harntreibend erwähnt. In der magischen Medizin des Mittelalters sollte das „Bengelkraut“ die Zeugung männlicher Nachkommen befördern. Es galt auch als Heilmittel gegen allerlei angezauberte Krankheiten. Wegen der Giftigkeit spielt es heute weder in der Schulmedizin noch in der Volksheilkunde eine Rolle. In der Homöopathie wird es zur Förderung der Menstruation, das Einjährige Bingelkraut *(M. annua)* bei Rheuma verordnet.

Schon gewusst?

Der wissenschaftliche Gattungsname Mercurialis verweist auf den römischen Gott Merkur, der die Heilkraft des Bingelkrauts erkannte. Bei den Germanen war es Wotan geweiht. Für einen Zauber musste das Kraut am Wotanstag (Mittwoch) ausgegraben werden.

Aufrechtes Glaskraut

Parietaria officinalis (Brennnesselgewächse)
H 30–100 cm Juni–Okt. Staude

Während Glaskraut seit alters in der Volksheilkunde in Gebrauch ist, spielte es in der Pflanzenmedizin nie eine größere Rolle. Der Tee ist harntreibend und wurde vorbeugend gegen Nierenkrankheiten getrunken, aber auch bei Rheuma und Entzündungen in den ableitenden Harnwegen. Mit dem Kraut putzte man Gläser (deutscher Name).

Vorkommen *Auwälder, Ufergebüsche, Mauern, Schuttplätze. Auf feuchten, nährstoffreichen Böden. Mittelmeergebiet und Mitteleuropa.*

- > ***Pflanze brennnesselartig aber ohne Brennhaare***
- > ***Blätter werden an beiden Enden schmaler***
- > ***Blütenknäuel in den Blattachseln***

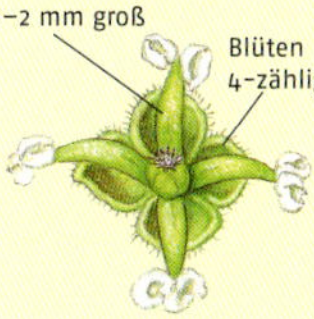

Schwarzer Flohsame

Psyllium afrum (Wegerichgewächse)
H 10–40 cm April–Juli einjährig

Die Samenschalen des Schwarzen Flohsamens quellen in Wasser auf ein Vielfaches ihrer Größe an. Das macht sie zu einem milden Abführmittel, das allein über Volumenvergrößerung wirkt. Bei schmerzhaften Hämorrhoiden werden die getrockneten Schalen zur Stuhlerweichung, bei wässrigem Durchfall zur Konsistenzverbesserung empfohlen.

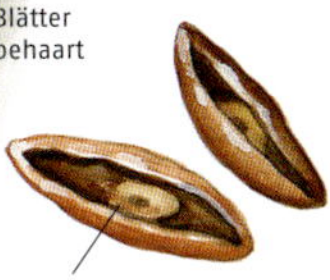

Vorkommen *Äcker, Wegränder, Garrigue. Mittelmeergebiet, Südwestasien.*

- > ***kommerziell in Frankreich angebaut***
- > ***Pflanze drüsig behaart***

Rizinus

Ricinus communis (Wolfsmilchgewächse)

H 50–500 cm Feb.–Sept. ein- bis zweijährig oder Staude ☠

***Vorkommen** Heimat tropisches Afrika, im Mittelmeergebiet verwildert, in Mitteleuropa als Gartenpflanze.*

> ***hoher Blütenstand, unten mit männlichen, oben mit weiblichen Blüten***
> ***Blätter handförmig***

In den Samen des Rizinus ist ein tödlich giftiges Eiweiß enthalten, das bei der Verarbeitung entfernt werden muss. Rizinusöl hat eine stark abführende Wirkung, die offenbar bereits den Ägyptern bekannt war (Grabfunde und Schriften). In europäischen Kräuterbüchern wird es seit dem 16. Jahrhundert erwähnt.

Saat-Weizen

Triticum aestivum (Süßgräser)

H 50–160 cm Juni einjährig

***Vorkommen** Weltweit als Getreide angebaut, Heimat unbekannt.*

> ***bis 1 m tiefe Wurzeln***
> ***Ährchen mit sehr kurzen oder fehlenden Grannen***

Das aus den Weizenkörnern gewonnene Stärkemehl wird bei der Zubereitung von Fertigarzneien als Hilfsstoff verwendet (Puder, Pasten, Tabletten). Das wertvolle Weizenkeimöl enthält mehrfach ungesättigte Fettsäuren und Vitamin E. Weizenkleie lindert als Badezusatz juckende und nässende Hautkrankheiten, gegessen und liefert es Ballaststoffe.

Große Brennnessel

Urtica dioica (Brennnesselgewächse)

H 30–15 cm   Juli–Okt.   Staude

In den historischen Kräuterbüchern wird die Brennnessel meist als Mittel gegen Wassersucht erwähnt. In der Volksheilkunde taucht sie später als Mittel gegen Rheuma, Gicht, Lähmungen und Hautkrankheiten auf. In der Tat regen die Wirkstoffe in den Blättern die Harnausscheidung an. Daher wird Brennnesseltee auch von der modernen Pflanzenmedizin zur Durchspülung bei entzündeten ableitenden Harnwegen empfohlen. Nicht verwenden bei Ödemen, Herz-, Nierenkrankheiten.

Vorkommen *Wegränder, Schuttplätze, Gräben, Waldränder. Nördliche Hemisphäre.*

- ***zeigt Stickstoff im Boden an***
- ***Stängel 4-kantig***
- ***männliche und weibliche Blüten auf unterschiedlichen Pflanzen***

Gesundheits-Tipp

Tee vorbeugend gegen Harnsteine: Pro Tasse 3–4 TL mit kochendem Wasser übergießen, nach 10 Minuten abseihen. Täglich 3–4 frisch zubereitete Tassen trinken.

Gewöhnlicher Wurmfarn

Dryopteris filix-mas (Wurmfarngewächse)

H 30–120 cm Staude ☠

Vorkommen *Schattige Wälder. Auf feuchten Böden. Europa, Asien, Amerika.*

> ***Wedel wintergrün, in Rosetten***
> ***Fiederblätter mit rundlich eingeschnittenem Rand***
> ***Sporangien durch nierenförmige Hülle verdeckt***

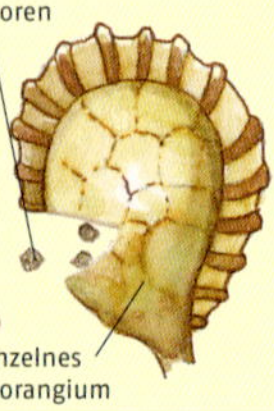

Schon in der Antike wussten die Kräuterkundigen, dass man mit dem Wurzelstock Eingeweidewürmer lähmen und mit einem Abführmittel endgültig aus dem Darm entfernen konnte. Diese Technik hielt sich bis in die Zeit von Friedrich dem Großen. Problematisch an dieser Behandlung war nur, dass Patienten an Überdosen erblindeten oder gar starben. In der Homöopathie wird der Wurzelstock bei Sehstörungen, die Blätter in der anthroposophischen Medizin bei Verdauungsstörungen verordnet.

Schon gewusst?

Im Mittelalter suchten die Menschen vergeblich nach „Farnsamen". Angeblich musste man zuerst einen Bund mit dem Teufel eingehen. Wer den Samen besaß, hatte immer genug Geld und konnte sich unsichtbar machen.

Gewöhnlicher Tüpfelfarn

Polypodium vulgare (Tüpfelfarngewächse)

H 10–40 cm Staude ☠

Der alte Name Engelsüß weist auf das süße Osladin hin, das 3000-mal süßer als Zucker ist. Angeblich hatten Engel die Menschen auf den Wurzelstock hingewiesen. Die Droge wird nur in der Volksheilkunde als schleimlösendes und mildes Abführmittel eingenommen. Früher wurde die Wurzel auch bei Milz- und Lungenleiden angewendet.

***Vorkommen** Baumrinde, schattige Mauern und Felsen. Meist auf kalkarmen Böden. Europa, Asien, Amerika.*

> ***Wedel sommergrün, einzeln stehend***
>
> ***gelbliche Sporenbehälter***

Keulen-Bärlapp

Lycopodium clavatum (Bärlappgewächse)

H 5–30 cm Staude ☠

Die staubfeinen Sporen des Bärlapps wurden auf Pillen gestreut, damit sie nicht aneinanderklebten – auch als Wund- und Gleitmittel waren sie nützlich. Die Volksheilkunde benutzte das ganze Kraut als harntreibendes Mittel, wobei wegen der giftigen Alkaloide davon heute abgeraten wird.

***Vorkommen** Zwergstrauchheiden, Moore, Nadelwälder. Auf sauren Böden. Nördliche Hemisphäre.*

> ***Spross weit kriechend, kaum verzweigt***
>
> ***Blätter spiralig angeordnet***

Acker-Schachtelhalm

Equisetum arvense (Schachtelhalmgewächse)
H 20–50 cm   Staude

***Vorkommen** Äcker, Wegränder, Unkrautfluren, Wälder. Auf nährstoffreichen, feuchten Böden. Nördliche Hemisphäre.*

- ***braune Sporen tragende Sprosse im Frühling***
- ***grüne sterile Sprosse im Sommer***
- ***beim giftigen Sumpf-Schachtelhalm sind sterile und Sporen tragende Sprosse gleichförmig grün***

242

In die Zellwände ist Kieselsäure eingelagert, die das Kraut mechanisch sehr widerstandsfähig machen. Früher benutzte man es daher gerne, um Zinn zu polieren („Zinnkraut“). Das getrocknete Kraut ist seit dem Altertum als harntreibende und Wunden schließende Droge in Gebrauch. Noch heute wird Schachtelhalmtee häufig verordnet, um bei Entzündungen die ableitenden Harnwege durchzuspülen oder zum Gurgeln bei Rachenentzündungen. In der Volksheilkunde gilt er als Rheumamittel.

Gesundheits-Tipp

Umschläge bei rheumatischen Schmerzen: 3–5 EL der Droge mit 1 l kochendem Wasser übergießen und 1 Stunde ziehen lassen, dann abseihen. Als Teilbad oder zum Tränken von Umschlägen.

Isländisches Moos

Cetraria islandica (Flechten)
H 10 cm Thallus

Dieses Moos ist eigentlich eine Flechte, deren heilende Wirkung zuerst von den Isländern entdeckt wurde. Es enthält Schleime und Flechtensäuren. Erstere lindern die Schmerzen bei Reizhusten und entzündetem Rachen, letztere wirken antibiotisch. In der Volksheilkunde wird Flechtentee auch zur besseren Verdauung empfohlen.

Vorkommen *Arktische Breiten und Hochgebirge beider Hemisphären.*

> ***Thallus wächst auf dem Boden***
> ***Rand der Lappen borstig bewimpert***
> ***grüne Farbe durch eingelagerte Algen***

Irländisches Moos

Chondrus crispus (Rotalgen)
H 5–20 cm Thallus

Bei diesem „Moos“ handelt es sich um Tang, also eine Rotalge. Sie wird getrocknet und die Carrageen genannten Schleimstoffe isoliert. Früher nutzte man die ganze getrocknete Alge bei Husten, Schleimhautentzündung oder Durchfall, heute nur noch das Carrageen. Es wird nicht verdaut und dient als Dickungsmittel in der Lebensmittel-, Kosmetik- und pharmazeutischen Industrie.

Vorkommen *Felsküsten des Atlantiks, wächst knapp unterhalb der Wasserlinie.*

> ***Thallus violettrot bis grünlich***
> ***sitzt mit einer Haftscheibe den Felsen auf***

Blasentang

Fucus vesiculosus (Braunalgen)

H 10–80 cm   Thallus

Vorkommen *Felsen der Gezeitenzone. Atlantikküste, Nord- und Ostsee.*

> ***oft angespült***
> ***Thallus oliv bis gelbbraun, gabelig verzweigt***

An manchen Stellen der Meeresküste wird der Blasentang in derart großen Mengen angespült, dass er gesammelt und in der Landwirtschaft als Viehfutter und Dünger genutzt wird. Der wichtigste Inhaltsstoff dieser Alge ist das Jod aus dem Meerwasser. Es regt die Funktion der Schilddrüse an und wurde daher von Ärzten bei Unterfunktion der Schilddrüse verordnet. Da der Jodgehalt schwankt und viele Nebenwirkungen bekannt sind, wurde Blasentang durch bessere Präparate ersetzt.

Schon gewusst?

Mit der Wellness-Bewegung hat auch die Thalassotherapie an Bedeutung gewonnen. Aus Blasentang und anderen Algen werden Creme- und Peelingmasken, Schlankheitspräparate und andere Mittel für Schönheit und Wellness hergestellt.

Fingertang

Laminaria digitata (Braunalgen)

H bis 150 cm Thallus

In der historischen Chirurgie setzte man die Stiele in Wundkanäle ein, denn die Alge quillt mit Wasser auf und erweitert den Kanal. Heute ist die Alge nur noch Rohstofflieferant. Alginsäure ist unverdaulich und ein extrem quellbares Verdickungsmittel. Sie lagert sich an die Magenwände an und hilft bei Sodbrennen. Außerdem dient sie als Schlankheitsmittel.

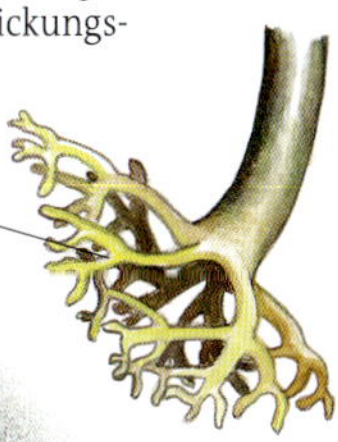

Vorkommen *Felsküsten bis 6 m Tiefe. N-Atlantik und Nordsee.*

> ***mit Haftorgan an Felsen fest gewachsen***

> ***Thallus (Tang) gelb bis olivbraun***

Lungenflechte

Lobaria pulmonaria (Flechten)

H 10–40 cm Thallus

Vermutlich auf Grund ihres Aussehens galt die Lungenflechte in der Volksheilkunde als Lungenmittel und wurde so auch in der Signaturenlehre angewendet. Ebenso wurde sie auf Wunden und Geschwüre aufgelegt und bei Bronchialkatarrh empfohlen. Heute nutzt man die Lungenflechte ausschließlich in der Homöopathie bei Reizhusten und Erkrankungen der oberen und unteren Atemwege.

Vorkommen *Auf Rinden, Bergwälder mit hoher Luftfeuchtigkeit. Nördliche Hemisphäre.*

> ***großblättriger Thallus, lappig zerteilt***

> ***Unterseite hell-filzig***

Register der Heilpflanzenarten

Wegen des Umfangs des Registers wurden zweiteilige deutsche Namen nur einmal, und zwar mit vorgestelltem Gattungsnamen aufgeführt. So ist z. B. die „Echte Kamille“ nur unter „Kamille, Echte“ zu suchen.

Zeichnungen
Golte-Bechtle/Kosmos (324); **Haag/Kosmos** (58); **Hofmann/Kosmos** (172); **Kohnle/Kosmos** (121); **Söllner/Kosmos** (7); **Spohn/Kosmos** (113)

Fotografien
Albers/Hecker 28L, 41L, 44oL, 47L, 57oL, 64oL, 102oL, 106H, 127uL, 134oL, 137uH, 139uL, 159L, 165L, 182L, 185uH, 188L, 204oH, Hassler 54oL, 60uL, 76oL, 79oL, 136uL; **Gartenschatz** 187 uH; **Hecker** 18H, 18L, 19oH, 19uH, 19oL, 19uL, 21uH, 21uL, 22Z, 23uH, 23uL, 24H, 24Z, 25oH, 25uH, 25oL, 26H, 27uH, 27oL, 27uL, 28H, 29oH, 30H, 31oH, 31uH, 31uL, 32H, 32L, 33oH, 33uH, 33uL, 35uH, 35uL, 36H, 36L, 36Z, 37H, 37L, 38uH, 39H, 40oH, 40uH, 40oL, 41H, 42oH, 43H, 44uH, 44uL, 45H, 45L, 46uH, 46uL, 47H, 48uL, 49H, 50H, 50L, 51oL, 52oH, 52oL, 52uL, 53H, 53L, 56H, 56L, 57oH, 59oH, 59oL, 60oL, 62H, 62L, 63L, 64uL, 65Z, 66H, 66L, 67oH, 67uH, 67oL, 67uL, 68oH, 68oL, 69oH, 69uH, 69oL, 69uL, 70H, 70L, 71oL, 72oH, 72uL, 73H, 73L, 75H, 75L, 77oL, 78H, 79uH, 80H, 80L, 81oH, 81oL, 82H, 82L, 85H, 85L, 86uH, 87H, 90H, 90L, 91L, 92L, 93oH, 93oL, 93uL, 93oZ, 96uH, 96uL, 97oH, 97oL, 98H, 98L, 99oH, 99uH, 99uL, 100oL, 101H, 101L, 102oH, 103uH, 103uL, 105uH, 107H, 107L, 108uH, 108oL, 108uL, 109H, 110H, 110L, 111uH, 111uL, 112H, 113oH, 113uH, 114H, 114L, 117oH, 117oL, 118oH, 118oL, 119H, 119L, 120oH, 121oH, 121oL, 122H, 122L, 123oH, 123uH, 123uL, 124oH, 125H, 125L, 129H, 129L, 130oH, 131uL, 137oH, 139uH, 140oH, 140uH, 140oL, 140uL, 142uL, 145oH, 145oL, 145uL, 147H, 147L, 148uH, 148uL, 149H, 151uH, 152L, 154H, 154L, 155uH, 156uH, 156uL, 157H, 157L, 158uH, 158uL, 160uH, 160uL, 161oH, 161uH, 161uL, 162H, 162L, 163H, 166uH, 166oL, 166uL, 167uH, 167uL, 168H, 168L, 168Z, 169oH, 169uL, 172H, 173uH, 173oL, 173uL, 174oH, 174oL, 175H, 175L, 176oL, 177uH, 178L, 180uH, 183uH, 183uL, 184oH, 184uH, 185oH, 186H, 189H, 190uH, 190oL, 191uH, 191uL, 193uH, 193uL, 194oH, 195oH, 195oL, 196H, 196L, 197oH, 197oL, 197uL, 198Z, 198H, 198L, 199oH, 199uH, 199uL, 200H, 200L, 201H, 202oH, 202uH, 203uH, 203oL, 203uL, 204oL, 205uH, 206H, 206L, 207oH, 207uH, 208oL, 208uL, 209H, 209L, 210H, 210L, 212uH, 212uL, 213H, 213L, 214uH, 215H, 216H, 217oH, 217uH, 217uL, 218H, 219oH, 219oL, 221uH, 221uL, 222H, 222L, 223oH, 223uH, 224H, 225H, 226uZ, 226oH, 226uH, 226oL, 226uL, 228H, 230uL, 234oH, 234oL, 235H, 236H, 236L, 238oH, 239H, 239L, 240L, 241oH, 241uH, 241uL, 242H, 242L, 243uL, 244L; **Helm/Hecker** 181L; **König** 20H, 21oH, 22H, 25uL, 29uL, 35oL, 48oL, 54uH, 72oL, 77uH, 77uL, 79uL, 83oH, 83oL, 84H, 84L, 86uL, 89L, 89L, 96oL, 105uL, 108oH, 113oL, 115oH, 115uH, 115oL, 115uL, 118uL, 121uH, 128oL, 131oL, 132uL, 139oL, 146uH, 153oH, 155uL, 158oH, 161oL, 164uL, 169oL, 174uH, 179oH, 180uL, 184uL, 188H, 194oL, 194uL, 204uL, 212oH, 214oH, 22oL, 223uL, 229H, 230oL, 232oL, 233L, 234uL, 237uL, 238oL, 243uH, 245oL; **Lange/Hecker** 22L, 54uL; **Laux** 24L, 31oL, 40uL, 46oL, 57uL, 61uL, 88L, 112L, 116L, 124oL, 127oL, 133L, 134oH, 137uL, 141L, 148oL, 151uL, 153oL, 160oH, 164oH, 165H, 176uH, 181H, 182H, 183oZ, 185oL, 187oH, 189L, 192L, 201L, 207oL, 211L, 218L, 221oL, 225L, 238uH, 245uH; **Mertz/Hecker** 42oL, 124uL, 199oL, 215L; **Reinhard-Tierfoto, Hans Reinhard**

Heilgkreuzsteinach-Eiterbach 21oL, 42uL, 51uL, 86oL, 135L, 151oL, 184oL, 232uL; **Rühlemann** 96oH; **Sauer/Hecker** 26L, 27oH, 29uH, 30L, 34H, 35oH, 44oH, 46oH, 48oH, 48uH, 50Z, 52uH, 55H, 60oH, 61oH, 63H, 64uH, 65H, 68uH, 71oH, 72uH, 81uH, 83uH, 83uL, 89H, 89H, 91H, 92H, 93uH, 94H, 95H, 102uH, 103oH, 106L, 124uH, 126oH, 127uH, 128uH, 130uH, 133H, 135H, 136oH, 136uH, 142oH, 144H, 144L, 145uH, 148oH, 150uH, 150uL, 152H, 153uH, 155oH, 155oL, 159H, 163Z, 164uH, 171oH, 174uL, 176oH, 177uL, 179uH, 180oH, 180oL, 190oH, 191oL, 192H, 194uH, 204uH, 208oH, 208uH, 219uL, 220H, 227oH, 227oZ, 234uH, 240H, 244H, 245oH; **Schönfelder** 20L, 23oH, 23oL, 38oH, 51oH, 51uH, 54oH, 57uH, 59uL, 60uH, 61oL, 64oH, 69uZ, 71uL, 74H, 74L, 76oH, 76uH, 76uL, 77oH, 79oH, 81uL, 88H, 94L, 97uH, 100oH, 100uH, 102uL, 104H, 105oH, 111oH, 120uH, 120oL, 120uL, 123oL, 127oH, 128oH, 130uL, 131uH, 132oH, 136oL, 138H, 138L, 139oH, 142uH, 142oL, 143H, 146uL, 149L, 150oH, 150oL, 153uL, 156oL, 160oL, 166oH, 170H, 172L, 173oH, 177oH, 187oL, 191oH, 193oH, 195uH, 197uH, 202uL, 203oH, 205oL, 207uL, 230oH, 230uH, 232oH, 232uH, 233H, 237oH, 237uH; **Spohn** 29oL, 33oL, 34L, 38oL, 38uL, 39L, 42uH, 43L, 49L, 55L, 58H, 58L, 59uH, 61uH, 65L, 68uL, 71uH, 78L, 86oH, 87L, 95L, 97uL, 99oL, 100uL, 103oL, 104L, 105oL, 109L, 111oL, 113uL, 116H, 117uH, 117uL, 118uH, 121uL, 126uH, 126oL, 126uL, 128uL, 130oL, 131oH, 132uH, 132oL, 134uH, 134uL, 137oL, 141H, 143L, 146oH, 146oL, 151oH, 156oH, 158oL, 160oZ, 163L, 164oL, 167oH, 167oL, 169uH, 170L, 171uH, 171oL, 171uL, 176uL, 177oL, 178H, 179oL, 179uL, 183oH, 183oL, 186L, 187uL, 190uL, 193oL, 195uL, 202oL, 205oH, 205uL, 211H, 212oL, 214oL, 214uL, 216L, 217oL, 219uH, 221oH, 223oL, 224L, 227uH, 227oL, 227uL, 228L, 229L, 231H, 231L, 235L, 237oL, 238uL, 241oL, 243oH, 243oL, 245uL; **Wagner** 185uL
Hintere Klappe: Kräuterbeutel, Mörser, Germer, Löwenzahn, Seidelbast, Tollkirsch und Thymian von **F. Hecker.** Alle weiteren Fotos aus dem Innenteil.

H = Hauptmotiv, L = Lebensraum, R = Randspalte, Z = zusätzliches Detail, u = unten, o = oben

Die KOSMOS-Erklärfilme

FOLGEN SIE UNS RAUS in die Natur und lassen Sie sich von Jan Haft die Arbeitsweise mit unserem Naturführer erklären.

IN WEITEREN FILMEN erfahren Sie von ihm Hintergrundinformationen zu den Heilpflanzen. Danach ist es für Sie noch einfacher, mit unserem Naturführer die Heilpflanzen richtig zu bestimmen.

JAN HAFT,
der Naturfilmer, lebte schon im Alter von sieben Jahren mit zahlreichen Tieren zusammen. Mit 12 Jahren drehte er seinen ersten Tierfilm.

Mit der KOSMOS-PLUS-App ganz einfach die KOSMOS-Erklärfilme anschauen.

UND SO GEHT'S:

1. Besuchen Sie den App Store, Google Play oder den Amazon-App-Store.
2. Laden Sie die kostenlose KOSMOS-PLUS-App auf Ihr Mobilgerät.
3. Öffnen Sie die App und laden Sie die Inhalte für das Buch „Welche Heilpflanze ist das?" herunter.
4. Geben Sie die im Buch angegebenen dreistelligen Codes 999 in die App ein.

Mehr Informationen finden Sie unter **plus.kosmos.de**